文系のための
資源・エネルギーと環境

池田 良穂 著

KAIBUNDO

はじめに

　著者は，もともと，大阪府立大学の工学部において，船舶工学，海洋工学の教鞭と研究に長年携わってきましたが，神戸夙川学院大学の観光文化学部の専門科目で「クルーズビジネス論」を2年間講義し，また大阪経済法科大学の経済学部・法学部での一般教養科目として，エネルギー，水産，海運・港湾に関わる3つの講義をするようになりました。

　こうした文系の大学での教育経験だけでなく，日々読む新聞や雑誌，テレビやラジオ，そしてセールスマン・トークなどでも，科学的な知識に基づかない発言や主張を耳にするたびにかなりの危機感を覚えてきました。

　たとえば，「電気自動車はCO_2や有害排気ガスを出さない」，「水素エネルギー社会はクリーンで，燃料電池車は環境に良い」などという宣伝が巷に広がり，そのまま信じ切っている人がいるのに驚かされます。電気自動車に必要な電気は主に火力発電によってつくられており，その発電の時にはCO_2も有害排気ガスも出していることや，水素自体は自然の中には存在せずに水素を作る時にエネルギーが必要で，それらの過程でCO_2や有害排気ガスの排出があることは，理系の人間であれば常識でしょう。しかし，こうした巷に広がった間違った情報の元をたどれば，理系の技術者にたどり着くことが多いのも事実です。多くの場合には，開発に携わった技術者は電気自動車や燃料電池車は「走行時には車からは有害物質を排出しない」と正確に言っているのでしょうが，前提となる「走行時に車からは」という最も大切なフレーズが，意図してか意図せずにかはわからないですが欠落してしまい，間違った情報が世の中に蔓延する結果となっているのです。

　こうした状況の中，文系で学ぶ人々にも，できるだけ正確な科学情報を，できるだけ数式は使わずにわかりやすく伝えたいという思いで，本書を執筆する

こととしました．

　もちろん，問題によってはまだ科学的に明らかになっていないことも少なくないので，現時点で断定ができないこともあるのは確かです．また，科学がさらに進めば，今のところ大きな壁として立ちはだかる問題点が，一瞬にして消える可能性もなくはありません．その結果，今までの常識が覆される場合もあります．常に環境の変化に応じて，柔軟に考え，判断し，行動することが大事だと思います．

　生物の進化においても，環境の変化に柔軟に対応できた種だけが生き延びるといいます．環境はどんどん変化をしており，それに対応するのが大事だということはみんなが知っているはずです．環境の変化をできるだけくい止めることも大事ですが，環境の変化にいかに対応できるかも大事なことだと思います．

　本書を読んで，「おや，ここはちょっと違うのでは？」という疑問を常にもっていただけると，たいへん嬉しく思います．自分の頭で，論理的に物事を考えて行動する姿勢はとても大事だと思います．この本が，そうした柔軟で合理的な思考方法をはぐくむ一助になれば幸いです．

　本書の中には，船の話題や写真が多数掲載されていますが，これは著者が船に憧れて船舶工学を学び，長年，船舶工学に関する教鞭と研究に携わってきたためです．

2016年3月10日

池田　良穂

目　次

はじめに　iii

第 1 章　エネルギーとはなにか　　　　　　　　　　　　　　　　　　　1

- 1.1　仕事をする能力を表すエネルギー　*1*
- 1.2　人間に仕事をさせるエネルギーとは　*2*
- 1.3　力学系のエネルギー　*2*
  - コラム①　質量と重量　*4*
- 1.4　力学的エネルギーと熱エネルギーとの交換　*4*
- 1.5　エネルギーの単位　*6*
  - コラム②　3 桁ごとの名前　*7*
- 1.6　エネルギー資源とは　*8*
- 1.7　仕事のできる能力を測る仕事率　*8*
  - コラム③　人間の仕事率は？　*9*

第 2 章　エネルギー利用の歴史　　　　　　　　　　　　　　　　　　　11

- 2.1　自然エネルギーの利用　*11*
- 2.2　蒸気の力の利用　*14*
- 2.3　蒸気機関の出現　*15*
- 2.4　大出力のでる蒸気タービン機関　*18*
  - コラム④　ブルーリボン　*20*
- 2.5　内燃機関の登場　*21*
  - コラム⑤　クリーンディーゼル　*24*

2.6 電気エネルギーの利用 *24*
2.7 電気とはなにか *25*
2.8 電気をつくる *26*
2.9 化学反応で電気をつくる乾電池 *27*
2.10 電気をためる蓄電池 *29*
2.11 水素と酸素で発電する燃料電池 *31*
　　コラム⑥　温室効果ガス *33*

第3章　エネルギー資源　　　　　　　　　　　　　　　　*35*

3.1 地中に埋まるエネルギー資源 *35*
　　3.1.1　化石燃料 *35*
　　コラム⑦　日本のエネルギー資源 *37*
　　3.1.2　化石燃料の輸送 *37*
　　コラム⑧　シーレーン *40*
　　3.1.3　シェール革命 *40*
　　コラム⑨　原油価格の暴騰 *43*
　　3.1.4　原子力利用のための資源 *44*
3.2 深海底に眠る新しいエネルギー資源「メタンハイドレード」 *45*
3.3 生物（バイオ）エネルギー資源 *46*
　　コラム⑩　長崎沖の軍艦島 *47*
　　コラム⑪　どぶ川でのメタン発酵 *48*
3.4 ゴミもエネルギー資源 *48*
3.5 自然エネルギー *50*
　　3.5.1　水力エネルギーの利用 *50*
　　コラム⑫　ダムの役割 *51*
　　3.5.2　地熱エネルギーの利用 *51*
　　3.5.3　太陽光・太陽熱の利用 *53*

目 次　vii

　　　　コラム⑬　サンシャイン計画　*58*
　　3.5.4　風力　*58*

第 4 章　エネルギー資源の利用（熱機関）　*61*

　4.1　外燃機関　*61*
　4.2　内燃機関　*62*
　　　　コラム⑭　LNG 燃料で走る船　*63*

第 5 章　エネルギーの利用（電気）　*65*

　5.1　水力発電　*65*
　　　　コラム⑮　発電機と電気モーター　*66*
　　　　コラム⑯　ダムとは？　*70*
　5.2　火力発電　*70*
　　　　コラム⑰　火力発電船　*73*
　5.3　原子力発電　*73*
　　5.3.1　核分裂反応　*74*
　　　　コラム⑱　核エネルギーの平和利用　*75*
　　　　コラム⑲　使用済み核燃料の処理　*78*
　　5.3.2　高速増殖炉　*80*
　　5.3.3　安全性　*80*
　　　　コラム⑳　原子力を正しく恐れることが大切　*82*
　5.4　地熱発電　*82*
　　　　コラム㉑　マグマの熱エネルギーの利用　*84*
　5.5　バイオマス発電　*84*
　5.6　ゴミ発電（廃棄物発電）　*86*
　5.7　太陽光発電　*87*
　　　　コラム㉒　船舶での太陽電池の活用　*90*

5.8 風力発電 93
5.9 海洋発電 100
    5.9.1 潮力発電 101
    5.9.2 波浪発電 102
    5.9.3 海洋温度差発電 106

第6章 ふさわしい電力構成 —エネルギーミックス 109

    コラム[23] 意思決定を分析するAHP法 110

第7章 発電と送電システム 113

第8章 エネルギー消費の現状（生活，インフラ，産業，交通） 117

8.1 日本のエネルギー消費の現状 118
    コラム[24] 地中熱の利用 119
    コラム[25] 電力 vs. ガス 120
8.2 交通機関のモーダルシフト 122
    コラム[26] モーダルシフトと逆行した高速道路無料化 124

第9章 省エネ技術をみる 125

9.1 乗用車の省エネ 125
9.2 住宅の省エネ 126
9.3 水素エネルギー社会とは 126
9.4 ヒートアイランド現象の緩和 129

第10章 エネルギー利用と環境 131

    コラム[27] 火力発電所からのCO_2排出 132
    コラム[28] CO_2の回収と貯蓄 133

エネルギーに関する100問　*135*

おわりに　*141*
参考文献　*143*
索引　*145*

第1章 エネルギーとはなにか

1.1 仕事をする能力を表すエネルギー

　エネルギーとは，物体や系がもつ「仕事をする能力」を意味します。エネルギーはいろいろと形を変えます。力学的エネルギー，熱エネルギー，化学エネルギーや，電気エネルギーなどがあり，物体の質量自体もエネルギーを持つ場合があります。

　このようにエネルギーはいろいろと形を変えますが，1つの系の中では形は変わってもエネルギー全体の量自体は変わらないという大変重要な特性があります。これをエネルギー保存の法則と呼びます。

　たとえば，力学的エネルギーだけの系の中では，運動エネルギーと位置エネルギーの総和は常に一定の値になります。すなわち，物体の運動速度が増加して運動エネルギーが減れば，その分だけ位置エネルギーが増えることとなります。しかし，熱エネルギーも加わった系では，物体に摩擦力が働くと運動エネルギーが熱エネルギーに変換されて減少し，その分だけ熱エネルギーが増えることとなります。

　人間がエネルギーを取り出すことのできる物質を，エネルギー資源と呼びます。一般的には火をおこすことによってその物質から熱エネルギーを取り出すことのできる物質が主流で，燃料（fuel）と呼ばれます。18世紀までのエネルギー資源として使われるのは，薪，木炭などの植物性燃料，鯨油などの動物性燃料でしたが，19世紀の産業革命後は，石炭，石油，天然ガスなどの化石燃料が主流となり，さらに20世紀になると核燃料も使われるようになりました。

1.2　人間に仕事をさせるエネルギーとは

　たとえば，人間が家事をしたり，農作業をしたり，工場で働いたりしますが，こうした仕事をするためはエネルギーが必要です。このエネルギーは，食事をすることによって得られます。とてもよく仕事をする人を，エネルギッシュな人と呼ぶのは，まさにエネルギーに満ち溢れていることを表しています。

　人間を含めた動物は，いわゆる食物，食料と呼ばれる物質から，仕事をするためのエネルギーを取り出しています。食物には植物性のものと，動物性のものがありますが，動物のうちで植物を食料にしているのが草食動物，動物を食料にしているのが肉食動物で，人間のようにいずれも食料にしているのが雑食動物といわれています。こうした動物に仕事をさせる食物には，エネルギーが化学エネルギーとして蓄積されていることとなります。こうした食物がもつエネルギー量は，一般的にはカロリーという単位で表示されます。

　では，植物にはどのようにしてエネルギーが蓄積されるのでしょうか。この多くは，太陽から届く光のもつエネルギーを，緑色植物のもつ葉緑素による光合成と呼ばれるメカニズムで，炭水化物というエネルギー源に変換をしているのです。人間を含めた動物は，こうして生産された炭水化物を食料としているのです。

　動物の体内に取り込まれた食物は，酸化反応によって燃やされ，筋肉を動かしたり，頭を使ったりするなどの，さまざまな仕事をするエネルギーへと変換されます。

1.3　力学系のエネルギー

　最初に仕事ができる能力としてのエネルギーが学問的に確立されたのは，物理学の力学の分野からでした。物体に働く力によって移動をしたとき，その移動方向の力と移動距離の積，すなわち掛け合わせたものが，仕事すなわちエネルギーと定義されています。高校の物理では，さらに物体は「運動エネルギー」と「位置エネルギー」をもち，その総和は常に保たれると教わったはずです。これが力学系内でのエネルギー保存の法則であり，非常に大事な法則です。

運動エネルギーは物体の運動速度に依存するエネルギーで、一方、位置エネルギーは地球の表面からの高さに依存するエネルギーです。たとえばある高さにある物体は、高さが低い所にくれば、その分の位置エネルギーを失い、そのエネルギーに等しいだけの運動エネルギーをもちます。運動エネルギーは速度の2乗（2回掛け合わせたもの）に比例するので、速度が増すことを意味しています。たとえば、スキーを例にしてみましょう。リフトで雪山の頂上に上がったスキーヤーは、位置エネルギーを獲得し、スキーで下ることによって、そのエネルギーを速いスピードすなわち運動エネルギーに変えながら滑走していることとなります。

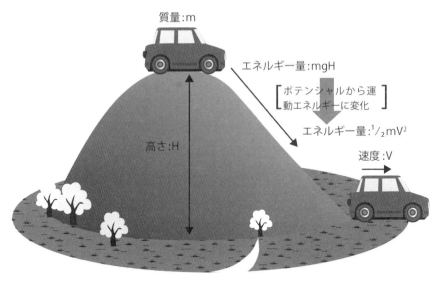

図1-1 山の上で車の持つ位置エネルギーは、車が転がっておりると全て運動エネルギーに変わります（ただし、摩擦も空気抵抗もないと仮定した場合です）。山の上での位置エネルギーと、麓での運動エネルギーを等しいとすると、車の速度が求まります。

運動エネルギーとは質量と運動速度，位置エネルギーは質量と高さの関数で，それぞれ次のように定義されます。

　　運動エネルギー ＝ 1/2 × 質量 × 運動速度^2

　　位置エネルギー ＝ 質量 × 高さ × 重力加速度

　そして，エネルギー保存則は，

　　運動エネルギー ＋ 位置エネルギー ＝ 一定

と表すことができます。質量とは，いわゆる重さのことで，重力加速度とは地球の引力によって質量をもつ物体に働く加速度で，地球上では平均 9.8 m/s^2（s は second の略で，時間の「秒」）です。

コラム① 質量と重量

　エネルギーの計算の時に「質量」がでてきますが，「重量」との違いは何なのでしょうか。物理学では厳密に分けて使われますが，日常ではほとんど一緒に使われているのでややこしいですね。質量は，物体に固有の量で，地球上での物体の重さ，すなわち重量と密接な関係があります。物体の重さとは，地球の引力によって引かれる力の大きさで，物体によらず重力加速度と呼ばれる一定の量で引き寄せられています。この値は，厳密には地球上でも場所によっても変わりますが，平均的には約 9.8 m/s^2 です。質量に，この重力加速度を掛けると重量という力の単位になります。たとえば，月は地球に比べると小さな天体で，月の上では重力加速度が地球に比べると小さくなります。このため同じものを月に持って行くと，質量は同じなのに，重量ははるかに軽くなります。

1.4　力学的エネルギーと熱エネルギーとの交換

　しかし，実際の世界で生きている私たちのもつ常識からは，この力学系のエネルギー保存の法則は少しずれたように思うに違いありません。先のスキーヤーの事例においても，山裾まで滑走してきたスキーヤーは，必ず山裾では止まっています。すなわち，山裾では位置エネルギーも運動エネルギーも失っているように思えます。それでは，山の上で持っていた位置エネルギーはどこに

いったのでしょうか。力学的エネルギーだけの系を考えても，この疑問は解明できません。

実は，スキーヤーは，スキーのエッジをたてて，雪から受ける抵抗によって運動エネルギーを，雪の運動エネルギーや，雪との摩擦力などによって熱エネルギーに変換しているのです。力学的なエネルギーだけでなく，熱もまたエネルギーを持っており，その総和が一定に保たれているのです。スキーヤーを車に置き換えると，ブレーキと空気抵抗が熱エネルギーに変換をしています。

このようにエネルギーは，さまざまにその形を変えていきますが，総量は一定で，これがエネルギー保存の法則です。

たとえば，人間が仕事をすることができるのは，食料を体内に取り込んで，化学反応で燃焼させて，そのエネルギーを使って筋肉を動かしているためです。

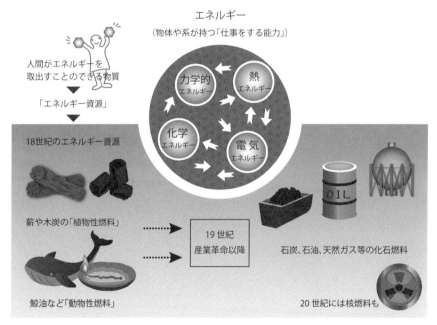

図1-2　エネルギーは，力学，化学，熱，電気エネルギーのように姿を変えますが，その総量は一定となります。これをエネルギー保存則といいます。

すなわち，食料にもエネルギーが化学エネルギーとして蓄積されていることになり，いつでもエネルギーの総量は変わりません。

1.5　エネルギーの単位

　エネルギーを表す単位系は，それぞれの分野によって定義をされていましたが，現在は，統一された国際単位系を使うことが推奨されており，それがジュール（J）という単位です。1ジュールは，力学的なエネルギーとしては，1ニュートン（N）の力で物体をその力の方向に1m動かす時の仕事量であり，N・m（ニュートン・メートル）とも書くことができます。

　ただし，前述したように実際の社会では，さまざまなエネルギーがあり，電気エネルギーではキロワット時（kWh），食品や燃料ではカロリー（cal）という単位が用いられており，石油や石炭に換算した石油・石炭換算トンなども用いられています。しかし，いずれも国際単位系のジュールに変換することができます。エネルギーの形は変わっても，同じエネルギーであるという証です。

　人または動物が摂取する物のもつ熱量または代謝により消費する熱量を測る時に使われるカロリーという単位は，もともとは，1kgの水を1℃上げるのに必要な熱量として定義されました。しかし，これは水の温度によっても必要な熱量が変わるので，次第にいろいろな定義のカロリーが出来上がってしまいました。このため，いずれは統一された国際単位系であるジュール（J）に統一されるものと考えられています。

国際単位系	ジュール（J）	1J = 1N × 1m
その他単位系	キロワット時（kWh）〔電気〕	1kWh = 3.6MJ
	カロリー（cal）〔食品〕	1cal = 4.184J
	石油換算トン	約42ギガジュール（GJ）
	石炭換算トン	約29.31ギガジュール（GJ）

> **コラム②　3桁ごとの名前**
>
> 　単位が大きくなると，キロ，メガ，ギガといった接頭語をつけます。それぞれ，1000 倍ずつ違っています。すなわち，1 キロは 1000，1 メガが 100 万，1 ギガが 10 億となります。
>
> 　日本の数字では，千, 万, 億, 兆と上がりますが，これとはちょっとずれていますので，注意が必要です。数字を，下から数字 3 つごとにコンマを打つと，各コンマの左側の最初の数字が，キロ，メガ，ギガの単位にあたります。

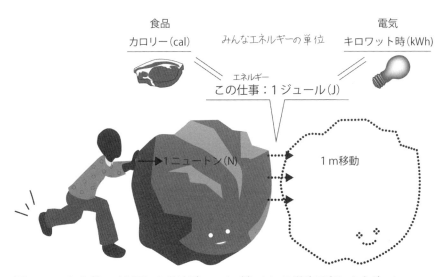

図 1-3　エネルギー（仕事）の量はジュール（J）という単位で表しますが，1 ニュートンの力で 1m 移動させた時の仕事量が 1 ジュールです。このエネルギーは電気エネルギーのキロワット時（kWh）や食品のカロリー（cal）にも換算が可能です。

1.6　エネルギー資源とは

　人間でも機械でも，仕事をするにはエネルギーの源となる物質が必要です。生物では，それは食料であり，機械の場合には石油や石炭，天然ガスなどの燃料と呼ばれる物質です。

　こうしたエネルギーの源となる物質が，いわゆる天然エネルギー資源です。では，こうしたエネルギー資源から，どのようにしてエネルギーを取り出しているのでしょうか。それは主に燃焼と呼ばれる発熱を伴う化学反応によっています。この化学反応は，可燃物が酸素と反応して，酸化反応を起こす時に熱を出すものです。このため，多くのエネルギー資源は「燃料」とも呼ばれているのです。

　食料をエネルギー資源と呼ぶことはあまりありませんが，反応としては同じです。

1.7　仕事のできる能力を測る仕事率

　エネルギーの総量を表すこと以上に大事なのが，時間あたりにどのくらいの仕事ができるかという能力です。

　これを表すのが仕事率と呼ばれる単位で，発生したエネルギー量を，その発生するために要した時間で割って求められます。英語ではパワー（power）で，この言葉は日本語としても広く通用しています。この仕事率は，ワット（W）という単位で表され，1秒間に1ジュールの仕事が行う能力を表しています。電気機器の場合の仕事率は電力（Electric power）と呼ばれ，機器のどこかにワットという単位で表示されていますので，読者の方々にもおなじみでしょう。この電力は，電流と電圧の積で求められます。

　車や飛行機，そして船などの交通機関のエンジンの能力（出力）も，ワットもしくは馬力で表されています。馬力は，蒸気機関ができたころから，その能力を表す単位として用いられ，馬力（英馬力）として知られており，荷役用の馬の標準的な仕事率に基づいて決められたといいます。その後，メートル法の制定に伴ってフランス流の馬力（仏馬力）がつくられました。この仏馬力は，

メートル法に基づいて英馬力を近似的に換算したもので，75kgf・m/s で表され，国際単位系では 735.5 ワットとなります。仏馬力の記号としては，PS が多く使われていますが，国によっていろいろな記号が使われています。ただし，次第にこの馬力の単位は使われなくなりつつあり，ワットの使用が一般的になっています。

人間および私たちの身のまわりの機器の仕事率の例を挙げると，次のようになります。いずれも馬力で書いていますが，ワットに換算してみてください。

人間：1/10 馬力程度
乗用車：40 ～ 300 馬力
トラック・バス：250 ～ 600 馬力
飛行機（大型ジェット機）：70,000 馬力程度
大型コンテナ船：100,000 馬力程度
ロケット：3,180,000 馬力程度

コラム③　人間の仕事率は？

この仕事率を比べてみると，たいへん面白いですね。人間は 10 人いると馬と同じくらいの力が出せますし，乗用車は馬 40 ～ 300 頭くらいにあたっています。飛行機は 7 万頭，大型コンテナ船だと 10 万頭，そしてロケットはなんと 318 万頭が引かなくてはなりません。もちろん，馬にもいろいろいますから，あくまで平均的な頭数での話です。

図 1-4　単位時間あたりにできる仕事は「馬力」という単位で表されていましたが，今は，ワット（W）という国際単位系が用いられるようになっています。

第2章 エネルギー利用の歴史

2.1 自然エネルギーの利用

　人類は，古くから風や水の流れなどの自然の力を利用して，移動や粉ひきなどのいろいろな仕事に活用をしてきました。こうしたエネルギーを自然エネルギーと呼びます。また，最近は再生可能エネルギーといった呼び方も使われています。

　水の流れを利用したのが水車で，その回転運動を利用して粉ひきをしました。水車は，これ以外にも水を高いところに汲み上げたりすることにも利用されました。

図 2-1　小川の水の流れを利用した水車

風は船を動かすのに利用されました。布などで作った帆に風を受けると船が進みます。こうした風を利用する船を，帆船と呼びますが，蒸気機関が船に搭載されるようになるまで，長い期間，重たい物資の輸送には欠かせない輸送機関でした。

図 2-2　風の力を使って進むヨット。帆船はスケジュール通りに航海をすることが難しく，現在は主にレジャーの分野で使われています。

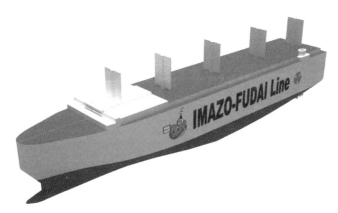

図 2-3　大阪府立大学と今治造船が研究開発した，荒天時の船速低下を帆に働く風力で補って航海する自動車運搬船。まだ，実用化はしていませんが。

第 2 章　エネルギー利用の歴史　　13

図 2-4　帆装クルーズ客船は，風のある時にはエンジンを止めて，風の力での航海を楽しみます。

　陸上での風のエネルギー利用は，風車でした。風の力で羽根を回転させ，その回転力を使って粉ひきの作業や，灌水作業に利用されました。たとえば，水面より低い土地の多いオランダでは，堤防で外部の水の侵入を防いでいますが，内部の土地の水を排出するためにたくさんの風車が活躍していました。

　また，人間自身も直接仕事をしましたし，人間よりはるかに大きな力が出せる馬や牛などの動物を使って，より大きな仕事をすることもありました。

図 2-5　オランダの風車は，風の力を利用した灌漑作業に使われていました。

2.2　蒸気の力の利用

　人間は古くから火を使い，その火で水を熱して発生させた蒸気の力を使って仕事をすることもできることに気が付いていたといいます。すなわち，暖房や調理に使っていた熱で水を沸騰させると，膨張した蒸気でいろいろな仕事をさせることができるということです。

　西暦 50 年頃，アレクサンドリアのヘロンは，水を熱して蒸気を作り，それを細い管から外に出すことで回転する機械を作りました。ただ，この機械でどのような仕事をさせたのかはよくわかりません。

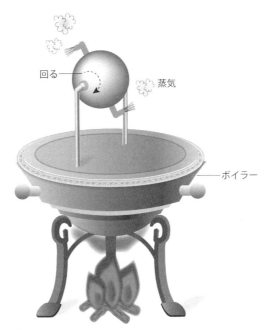

図 2-6 ヘロンの蒸気機関は，蒸気を細いノズルから噴出させて，その反力で球を回転させました。

2.3 蒸気機関の出現

　この蒸気の力を使って大きな仕事のできる蒸気機関が実現して，産業が飛躍的に発展したのが，18 世紀後半の産業革命です。スコットランドの数学者・技術者ジェームス・ワットが実用化した蒸気機関では，水を熱して蒸気を発生させて，その膨張圧力を利用してピストンを押し上げ，冷えるとピストンは下がり，再び蒸気で押し上げて，上下運動をさせました。このピストンの上下運動を，クランク軸を使って回転運動に変換すると，機関車の車輪を回転させたり，船の外輪を回転させたりできて，機関車や船を前進させることができました。こうした蒸気機関は，蒸気往復動機関またはレシプロ機関などと呼ばれましたが，その欠点は，上下往復運動が比較的ゆっくりで，大きな出力が出せないことでした。

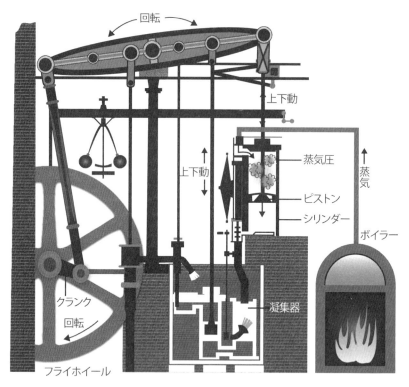

図 2-7　ワットの蒸気機関では，ボイラーで熱した水から発生する蒸気の圧力でシリンダー内のピストンを上下させて，効率良く回転運動をとりだすことに成功しました。シリンダー内のピストンの上下運動に合わせて，上部と下部に蒸気を交互に入れて仕事をさせます。

第 2 章　エネルギー利用の歴史　　17

図 2-8　ワットの蒸気機関はまず水を揚げるポンプとして使われ，その後，蒸気機関車を動かす機関として使われました。写真は，青函連絡船から貨車を引き出す蒸気機関車の姿です。

図 2-9　蒸気機関は船を動かすことにも使われました。この写真の蒸気船「ウェイバリー」は今でもイギリスで活躍中です。

2.4 大出力のでる蒸気タービン機関

いろいろな工夫がされて，出力を上げる技術開発が行われましたが，やがて，次の時代の蒸気機関が登場します。それが蒸気タービン機関です。タービンとは羽根車の意味で，回転軸の周りに取り付けたたくさんの翼に高速の蒸気の流れをあてて，翼に働く揚力を使って高速の回転運動を得る機関です。イギリスのチャールズ・パーソンズによって発明され，1894年に同機関を搭載した最初の船「タービニア」が建造され，34.5ノット（時速64km）という高速で走り人々を驚かせたといいます。蒸気タービンによって，非常に大きな運動エネルギーを取り出すことができるようになり，大西洋や太平洋のような大洋を渡る高速大型客船などが登場するようになりました。

また，この蒸気タービン機関は，今でも火力発電所や原子力発電所でも使われています。

図2-10 タービンの羽根車は回転する軸の周りにたくさんの羽根がついており，この羽根に蒸気をあてて高速で回転させます。
（出典：新日本造機ホームページ）

第 2 章　エネルギー利用の歴史　　19

　最後に，蒸気機関で使われる燃料について説明します。各種蒸気機関では水を加熱して蒸気を作る必要があり，そのための燃料として，当初は，木材や動物の油などが使われましたが，より燃料としての密度の濃い石炭が使われるようになりました。さらに，現在では液体の石油，そして気体の天然ガスなども使われるようになっています。さらに核分裂現象によって得られる熱の利用が安定的にできるようになって原子力発電が実用化されると，その原料となるウランもエネルギー資源として認知されるようになりました。

図 2-11　ワットの蒸気機関よりも大出力がでる蒸気タービンを積んだ最初の蒸気タービン船「タービニア」はそのスピードで人々を驚かせました。
（出典：Wikipedia）

コラム④　ブルーリボン

　蒸気機関の登場によって，大型の客船のスピード競争が起こりました。特に大西洋を横断する大型客船では，最も速く大西洋を渡った船に「ブルーリボン賞」（1838年～）が贈られ，記録を樹立するとマストに高々と青いリボンをたなびかせて入港をしました。蒸気タービン船としては，1952年に米客船「ユナイテッド・ステーツ」（53,329総トン）が東行で35.59ノット，西行で34.51ノットを記録しました。蒸気タービン機関を8基搭載し，総出力は22万馬力でした。現在の記録保持船は，1998年に41.3ノットで渡ったアルミ製高速カーフェリー「キャットリンク5」で，エンジンはディーゼル機関4基で，総出力3万4千馬力（25,000 kW）です。

図2-12　客船ユナイテッド・ステーツ。22万馬力という巨大出力の蒸気タービンへ蒸気を送るボイラーからの排気のための大きな煙突が印象的です。

2.5 内燃機関の登場

　これまで説明したレシプロ型の蒸気往復動機関では，水を入れた容器（ボイラー）を外部から熱して蒸気をつくってシリンダー内に蒸気を送ってピストンを動かし，それは外燃機関と呼ばれます。一方，シリンダーの内部に燃料を噴霧して爆発的に燃焼させてピストンを上下させる機関を内燃機関と呼びます。内燃機関では，石炭のような個体の燃料は使えず，液体の油が使われます。

　内燃機関には，自動車に用いられるガソリンエンジン（機関）や，比較的大型の車や鉄道列車，船舶などに用いられるディーゼルエンジン（機関）があります。ガソリンエンジンはガソリンを燃料とし，点火プラグで着火をさせて燃料を燃焼させますが，ディーゼル機関は軽油や重油を燃料とし，シリンダー内の空気をピストンによって高圧・高温になるまで圧縮して，そこに液体燃料を噴霧して自然着火をさせます。

図 2-13　ディーゼルエンジンで鉄道線路を走るディーゼルカーは，蒸気機関車の後を継いで鉄道の主役となりました。しかし，現在は電気で走る電車が主役となり，ディーゼルカーはローカル線で主に活躍しています。

ガソリンエンジンに比べると、ディーゼルエンジンは高い圧力に耐えるため頑丈に作られ重いのですが、効率は2倍近く良く、大型・大出力も可能なため、トラックやバスなどの大型の自動車、鉄道のディーゼルカーやディーゼル機関車、船舶用に広く使われており、現在では、船舶用の85,000馬力（約60,000kW）という大型のエンジンも登場しています。また、自動車用には、欠点であった黒煙を減らしたクリーンディーゼルエンジンも開発され、最近は小型車にもディーゼルエンジンが搭載されるようになっています。

図2-14　船の世界では、ディーゼル機関が主役です。写真は、製造中の船舶用ディーゼル機関（(株)マキタ製）で、大きな3回建のビルほどの大きさがあります。

またディーゼルエンジンで発電機を回すディーゼル発電機は，大規模な火力発電所だけでなく，小規模な発電にも利用されています。

エネルギーを有効に使っているかを評価するのが熱効率で，燃料がもっていたエネルギーの何パーセントの仕事をとりだすことができるかというものです。ガソリンエンジンでは30％程度，自動車用ディーゼルエンジンが40％程度，大型の船舶用ディーゼルエンジンは50％を超える高い熱効率となっています。

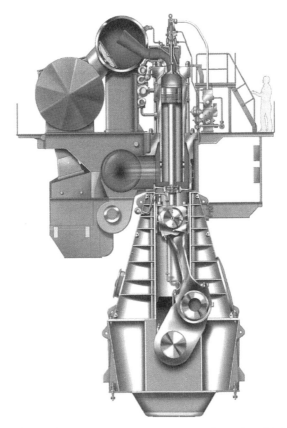

図2-15　船舶用ディーゼル機関の断面図です。シリンダーの中で燃料を爆発的に燃焼させて空気を膨張させてピストンを上下に動かし，クランク軸で回転運動に変換します。

> ## コラム⑤　クリーンディーゼル
>
> 　30年ほど前にドイツに留学をしました。ドイツの高級車といえば「ベンツ」です。ところが，ドイツにいってみるとベンツのタクシーがいっぱいいました。しかも，どれもディーゼルエンジンなのに驚きました。その頃，日本ではディーゼル車といえば，トラックやバスで，黒い排気ガスをもくもくと出して走っていました。ところが，ベンツのタクシーからの排気はとてもきれいでした。すでに30年前からクリーンディーゼルが一般的になっていたのです。さすがにディーゼル機関を生んだドイツと，その技術力の高さに驚いたものでした。
>
>
>
> 図2-16　30年前，筆者がドイツのベルリンに留学した頃，ドイツの車は乗用車も燃費の良いディーゼルエンジンでした。排気ガスに混じる黒煙が問題でしたが，技術的に解決され，クリーンディーゼルと呼ばれています。

2.6　電気エネルギーの利用

　現在，最も広く使われているのが電気エネルギーです。電気は電線によって瞬時に送ることができ，必要な場所で，スイッチ1つで，照明をはじめとするいろいろに仕事に使うことができます。すなわち，石油や天然ガスなどのエネ

ルギー資源を，仕事をさせる場所まで運ぶ必要がなくなりました。たとえば，中東などから船で運んできた石油を使って海岸線近くの発電所で電気を起こして，それを電線で送れば，日本の中の，どこでも，いつでも仕事をさせることが可能になりました。

この電気の登場は，蒸気機関の登場によって産業革命が起こったのと同様に，時間と場所を選ばずにエネルギーを使うことができるようになったことで生活革命を起こし，世の中を大きく変えることとなりました。

2.7　電気とはなにか

まず，電気について説明をしましょう。電荷をもった粒子が移動すると電流が流れる現象が電気伝導で，これを一般的には電気と呼んでいます。この粒子の移動によって電場が形成されますが，その伝搬速度は光速に近いくらいの高速で，これが，電気が使いやすい大きな理由になっています。

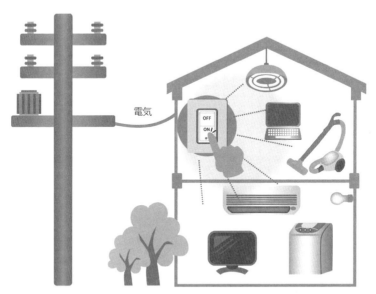

図 2-17　電気は電線でどこにでも瞬時にエネルギーを供給でき，スイッチ1つで使えるたいへん便利なエネルギーです。

電気には直流と交流があります。直流では電気は一方向に流れますが、交流ではある周波数で電気の流れる方向が変わります。日本では地域によって周波数が違っており、東日本では50ヘルツ、西日本では60ヘルツで電流は方向が変わります。すなわち50ヘルツの交流では1秒間に50回、60ヘルツでは60回、電流の方向が変わります。

2.8 電気をつくる

電気を起こす発電には、いくつかの方法があります。一般的な方法は、電磁誘導の原理を使った発電です。電磁誘導とは、磁石などでつくられる磁界の中で電線が動くと電線に電気が発生するというものです。逆に電線をまいたコイルのまわりで磁石を動かしても電気が発生します。この原理を使って、発電機では、磁石をコイルのまわりで回転させることによって電気を起こしています。このように磁石を回転させるためには、蒸気機関や内燃機関などの動力を使うのが一般的ですが、水車や風車などの自然エネルギーを使うこともできます。こうした発電機で起こす電気は交流です。

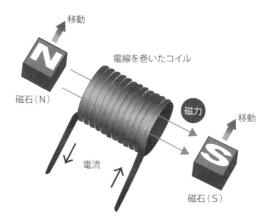

図 2-18 磁石が作り出す磁場の中を、電線を巻いたコイルが動くと、電線には電気が発生します。発電機は、この原理を利用して電気を発生させます。この図のように磁石を動かしても、コイルを動かしたのと同様に電気が起こります。

図 2-19　船舶用の巨大な発電機の内部（提供：西芝電気）

2.9　化学反応で電気をつくる乾電池

　化学反応を用いて電気を起こすこともでき，その典型的なものが乾電池です。乾電池は，電解液を個体に染み込ませて電気を発生させるもので，古くからあるのがマンガン乾電池です。乾電池は，亜鉛の筒をマイナス極とし，内部の炭素棒や酸化マンガンをプラス極として，内部に充填した電解質の化学反応によってマイナス極からプラス極に電子を動かすことで電気を発生させます。種々の電気機器に一般的に使われる乾電池としては，その大きさと容量によって単 1 から単 5 まで市販されていますが，その体積のわりに結構重たいのが特徴です。

最近は電池の容量を大きくし，かつ軽くする社会ニーズに伴っていろいろな電池が開発されています。酸化鉄・リチウム乾電池，アルカリ乾電池，ニッケル乾電池，ニッケルマンガン乾電池などがあります。

　いずれも正極（＋）と負極（－）をもち，それをつなぐと直流電流が流れます。こうした乾電池は1次電池と呼ばれ，電気を発生させるだけで，電気を外部から流しても充電はできません。

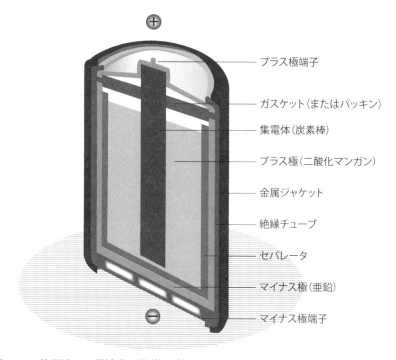

図2-20　乾電池は，電池内の化学反応によって電気を発生させます。乾電池の由来は，電解液を石膏で固めて液体がこぼれないようにしたことから，乾いた電池と呼ばれるようになったといいます。

2.10 電気をためる蓄電池

　電気を外部から供給して蓄えておき，必要な時に電気を取り出すのが蓄電池で，2次電池とも呼ばれます。化学反応を使って電気を起こす乾電池などの1次電池と違って，外部から電気を供給して電気自体を内部にためておくことができるのが特徴です。自動車のエンジンを起動するために使われているバッテリーは鉛蓄電池と呼ばれ，電気を送るとその中に電気エネルギーを蓄えることができます。電気を蓄えることを充電，取り出して使うことを放電といいます。また，携帯電話などには小型の蓄電池が入っていて，コンセントから電気を送って充電すると電気が蓄えられます。こうした蓄電池には，鉛蓄電池，ニッケル水素電池，リチウムイオン電池などがあります。

　現在，最も広く使われているリチウムイオン電池では，2つの電極の間にセパレータを挟み，内部に充填した電解液の中をリチウムイオンが行き来することで充放電ができます。このリチウムイオン電池は，携帯電話をはじめ，パソコン，自動掃除機，電気自動車，飛行機，そして船までさまざまな用途に使われています。その理由は，小型で軽く，大出力で大容量なためで，同じ重さで比べると，ニッケル水素電池の約3倍，鉛蓄電池の約7倍の電気を蓄えることができます。

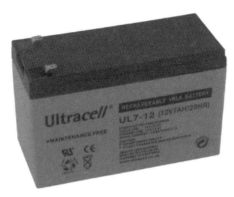

図 2-21　車のエンジンをスタートさせるためなどに使われている鉛蓄電池

風力発電や太陽光発電のように，時間と共に発電量が変動する発電システムでは，蓄電池に電気をためておいてから使う必要があり，蓄電池の容量の増加と価格の低減が期待されています。

図 2-22　石垣島で観光・ダイビング船として使われている vibes one は，太陽光で発電した電気をリチウムイオン・バッテリーに蓄積して走ります。

図 2-23　vibes one のバッテリー室には，リチウムイオン電池がぎっしりと並んでいます。

2.11 水素と酸素で発電する燃料電池

最近，注目されている発電方法が燃料電池（英語では Fuel Cell）で，水素を使って発電ができます。水素は，自然界にはそのままの形で存在しないので，水などから電気などのエネルギーを使って作られ，それを使って再度電気に変換するシステムなので，機能的には電気をためる蓄電池とよく似ています。

この燃料電池が電気を起こす原理は，電気を使って水を酸素と水素に分解する電気分解の逆の化学反応で，水素と酸素を合体させると電気と水ができるという反応を利用したものです。酸素は空気中のものを使えるので，いわば水素を燃料代わりに使うものですが，他の燃料のように燃焼させる必要はなく，他の発電装置と比べると熱効率を高くできる可能性があるという特性があります。ただし，前述したように水素は自然には存在しませんので，何らかの方法で作り出さなければならず，その時にエネルギーを使います。すなわち，燃料電

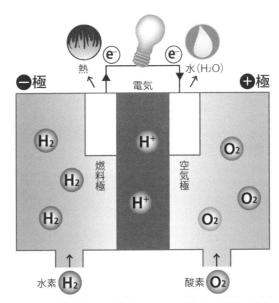

図 2-24　燃料電池は，水素と酸素を結合させて水ができる時に発生する電気と熱を利用するシステムです。水を電気分解して，酸素と水素を分離する反応の逆反応といえます。

池の効率を考える時には，水素を作る時に必要なエネルギーも考えて，全体の効率を考えることが大事になります。現時点での最終的な熱効率としては，家庭用などで普及が始まっている天然ガスなどを使って水素を生成するシステム（エネファームなどがよく知られています）では，40％程度といわれています。

また水素は，常温常圧で爆発しやすく，その保管・使用については安全性に十分な注意が必要となります。

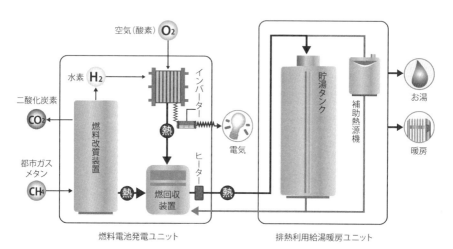

図 2-25 燃料電池では家庭用のエネファームが最も普及した発電システムです。都市ガスを使って水素を作り，外気に含まれる酸素と反応させて，電気とお湯を作ります。熱も無駄なく使うため，全体としてのエネルギー効率が良いのが特徴です。

コラム⑥　温室効果ガス

　地球の表面には大気が覆っていますが，この中に太陽から運ばれてきた熱エネルギーをためてくれる気体（ガス）があり，これが地球に生物が生息できる環境を作っています。これを温室効果ガスと呼び，これがないとすると地球の表面温度は－19℃程度になるといわれています。この温室効果ガスには，二酸化炭素（CO_2），メタン，一酸化窒素などいろいろなものがありますが，特に CO_2 は，人間がエネルギーを使うことによって増えており，これが地球の大気の温度を上昇させている1つの原因とみられています。

　地球は，太陽活動をはじめとして様々な原因で，非常に長い周期での寒冷化と温暖化を繰り返しています。かつてたくさんあった氷河は，かなり姿を消しつつあります。すなわち，現在はこうした自然の気温変動でも温暖化の傾向にあるといえますが，人間の活動によって大量に排出された CO_2 が，その温暖化をさらに加速させているのではないかといわれています。また，火山活動の活発化や巨大隕石の地球への衝突も，気温を変化させることが知られています。CO_2 の排出を減らすことだけでなく，温暖化，寒冷化などの環境変動に，人類としていかに対応できるかが大切になります。

第3章 エネルギー資源

3.1 地中に埋まるエネルギー資源

エネルギーを取り出すことのできる資源としては，自然エネルギー資源，生物（バイオ）エネルギー資源，化石燃料資源，ウランなどがありますが，最もよく使われているのが，石炭，石油，天然ガスなどの化石燃料資源です。

3.1.1 化石燃料

化石燃料とは，太陽エネルギーを吸収して地球上で成長した植物や動物の死骸が，長い時間をかけて地中で大きな圧力や熱の作用で濃縮されて，高密度の炭素化合物となったものです。植物からできたものが石炭であり，動物からできたものが石油です。

石炭は，地球上に最も大量に存在しており，日本でもかつては北海道や九州にその産地である炭鉱がいくつもありました。日本の炭鉱は，石炭層が薄いため地下深くにどんどん掘っていく必要がありました。一方，アメリカやオーストラリアでは，地表近くに大量の石炭層があり，露天掘りという比較的簡単な方法で生産ができるため生産コストが安く，今では，日本はこうした石炭を輸入しています。石炭は，価格は安いのですが，燃やした時のCO_2（二酸化炭素）の排出量が石油や天然ガスに比べると多いという特性があり，最近は地球温暖化の面に配慮して使用を控える傾向にあります。

液体の石油は，地中で液体が閉じ込められる特殊な帽子状の地殻構造をしたところにたまって存在しています。こうした石油だまりに井戸を掘って汲み上げているのが油田です。最初は，陸上に井戸を掘って生産されていましたが，探

査技術が進んで海底にも多くの油田が存在することがわかり，現在では1,000m以上の深海の海底にも井戸を掘って石油を生産できるようになりました。

現在は，中東などの陸上で約7割，海底から約3割程度の生産ですが，陸上の石油埋蔵量は次第に減少し，いずれは海底からの生産が陸上生産を上回るものとみられていました。しかし，最近になって陸上にも多く存在するシェール層（頁岩層）に大量の天然ガス・石油が埋蔵されていることがわかってきており，非在来型化石燃料と呼ばれています。このシェール層に埋蔵されている量は，これまでの従来型油田の埋蔵量の約5倍にも達するとみられています。

天然ガスは，石油などと共に産出される気体の化石燃料資源で，メタンやエタンといった炭素化合物を多く含んでいます。燃焼させても，CO_2の排出が石炭や石油に比べると少なく，NOx，SOx，黒煙といった環境汚染ガスの排出も少ない，比較的クリーンな資源です。家庭で使われている都市ガスは，この天然ガスで，パイプラインで各家庭に送られています。天然ガスは，パイプラインで生産地から消費地まで送られる場合が多いのですが，島国の日本では液化をして体積を小さくした液化天然ガス（LNG）として，タンカーで大量輸送されています。天然ガスを気体から液体にするためには，－162℃という非常に低い温度にする必要があり，LNGを貯蔵するタンクや輸送するLNGタンカーには高度の低温技術が必要となっています。

産地としては，埋蔵量の多い中東，旧ソ連などが中心ですが，インドネシア，オーストラリアなどでも生産が進んでいます。また，かつては産油国であったアメリカでは，需要が増えて，供給が追い付かずに，輸入に頼っていましたが，これまで採り出すことが難しかった地下のシェール層内の天然ガスと石油を採掘する新しい技術が開発され，大量の天然ガスと石油が生産されるようになっています。これをシェールガス，シェールオイルと呼んでおり，天然ガスと石油の価格を低下させることに貢献をしています。詳しくは3.1.3で解説します。

図 3-1　地下に石油がたまっている油田からポンプによって石油をくみ上げます。写真は，日本の秋田県の八橋(やばせ)油田のポンプです。(出典：Wikipedia)

コラム⑦　日本のエネルギー資源

　ほとんどのエネルギー資源を輸入に頼っている日本ですが，国内でも秋田県から新潟県の日本海沿いで石油と天然ガスが生産されています。石油は 0.4％，天然ガスは 3.1％と少ないのですが，今でも生産が続いています。油田，ガス田があるということは，その下のシェール層には石油，天然ガスがたくさん埋蔵されているかもしれませんね。

3.1.2　化石燃料の輸送

　石炭，石油，天然ガスなどの化石燃料は，日本からはかなり遠く離れた地で生産されています。これを運ぶのは船です。船は，重たい貨物を少ないエネルギーで運ぶことができる最もエネルギー効率の良い輸送機関です。したがって，石炭，石油の多くは船によって生産国から世界の消費国に運ばれています。天然ガスについては，パイプラインまたは船舶によって運ばれています。

石炭は，ばら積み貨物船と呼ばれる船で運ばれます。この船は，船内にたくさんの大きな倉庫をもち，そこに石炭を，荷造りをしないそのままの状態で積載して運びます。ばら積みとは，そのままの状態で船倉（船内の倉庫）に積むという意味です。

　石油は，液体ですので，船内倉庫を液漏れのないタンク（水密タンクとも言います）にしたタンカーと呼ばれる船で運びます。大きな船では50万トン以上のタンカーもありましたが，最近は30～40万トン程度を運ぶのが最大級のタンカーになっています。

　天然ガスは，気体のままでは体積が大きいので，－162℃という低温にして約1/600の体積に圧縮した液体にして運びます。この液体にした天然ガスがLNG（Liquified Natural Gas：液化天然ガス）で，これを運ぶのがLNG船と呼ばれるタンカーです。

図3-2　大型ばら積み貨物船。デッキの上にはハッチカバーと呼ばれる船倉のふたが並んでいます。（提供：日本郵船）

第 3 章　エネルギー資源　　39

図 3-3　日本の石油基地で原油を降ろす原油タンカー。左の船はまだ原油を積んだ状態，右の船は原油を降ろした状態です。バルクキャリアとの外見上の違いは，デッキ上にハッチがなく，パイプが配置されていることです。（提供：日本郵船）

図 3-4　LNG タンカー。球形のタンクに－162°C に冷やして液化した天然ガスを積んで運びます。球形のタンクをもつ LNG 船はモス型と呼ばれますが，最近は四角いタンクをもつメンブレン型船も増えています。

> ## コラム⑧　シーレーン
>
> 　原油の多くは中東から船で，ホルムズ海峡，マラッカ海峡，南シナ海を通って運ばれてきます。この船の航路をシーレーンと呼びますが，このシーレーンの安全確保が日本にとっての経済の生命線ともなっています。特に，ホルムズ海峡では中東各国の紛争，マラッカ海峡では海賊被害，南シナ海では中国による離島進出などが懸念材料となっています。
>
> 　日本経済と国民生活にとって重要なシーレーンでの万一の事態も考えて，日本では，九州の白島と上五島に巨大な浮体式原油タンクを並べた備蓄基地を造り，日本の石油使用量の約半年分をためています。
>
>
>
> 図 3-5　上五島の石油備蓄基地。巨大な四角い浮体式タンクがたくさん並べられて，原油を貯蔵しています。(提供：上五島石油備蓄株式会社)

3.1.3　シェール革命

　2000年代後半に，北米大陸でシェール（頁岩（けつがん））という硬い岩盤中に大量に含まれている天然ガスおよび石油を経済的に採掘する技術が確立し，商業生産が始まりました。その結果，それまでエネルギー資源の輸入国であったアメリカが輸出国にかわり，2010年頃には一時バレル100ドルを超えていた石油も2016年には30ドル近くにまで下落しました。資源量に限界があるとみられ

ていた石油や天然ガスですが，技術の進歩によって採掘できる資源量が非常に大きくなったのです。頁岩は，天然ガス・石油が生まれるために石油根源岩とも呼ばれ，長い時間をかけて天然ガスや石油が生成され，そのうちの一部がその地層からしみ出てトラップにたまったのが油田で，これまではこの油田から石油や天然ガスを採掘してきていたのです。この油田などにたまっている量は，生まれた石油やガスの20％程度で，残りの80％はシェール層に留まっているといわれています。この膨大な資源を，硬いシェール層を高い水圧でひび割れさせて採りだすことができるようになったのです。

　北米での試算によるとシェールガス・石油の生産が商業的に成り立つのは，2015年の時点では，原油価格がバレルあたり40〜60ドル程度とみられています。この損益分岐価格は在来型油田の2倍近いとみられていますが，採掘技術とノウハウが蓄積されるに従い，生産効率が向上してさらに低下するものと考えられます。

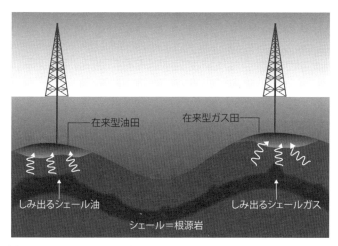

図3-6　地中に埋まる石油と天然ガスはシェール層で生成され，漏れ出たものが油田やガス田に蓄積されています。シェール層には，石油と天然ガスの80％近くが残っているとされています。油田やガス田に埋蔵されているのは100年単位で枯渇すると考えられていましたが，シェール層には1,000年単位で使える資源が眠っていることになります。

限られた天然資源とみなされ，長年，埋蔵量が消費量の 30 〜 40 年分と見られていた石油・天然ガスが実はまだ多量に存在することが明らかになり，将来的な世界のエネルギー事情が大きく変化することとなりました。まさにエネルギー資源のパラダイムシフトが起こったのです。

　今まで採掘ができなかったエネルギー資源としては，シェールガスだけでなく，タイトガス，コールベッドメタン，メタンハイドレードなどがあり，これらは非在来型ガスと呼ばれています。

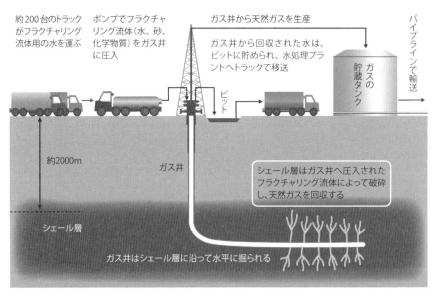

図 3-7　シェール層に閉じ込められているガスや石油を，シェール層を高圧の水でひび割れさせて採掘します。この新しい採掘技術がアメリカで開発されて，大量のガス・石油が採掘できるようになりました。

コラム⑨　原油価格の暴騰

　原油価格は幾度も暴騰と下落を繰り返しています。1970年代の石油ショックでは，石油資源が集中する中東での政情が不安定化したことをきっかけにして暴騰。また2010年代の石油暴騰は，中国をはじめとする新興国の経済成長と石油資源の枯渇に対する心理的な要因とマネーゲームによるものとみられていますが，なんとバレル150ドル以上にまでなりました。しかし，シェールガス・石油の生産が可能になって，「資源の枯渇」という不安要因がなくなったことと，北米が生産拠点に躍り出たことにより，しばらくは価格もバレルあたり20〜40ドルで安定するものとみられています。

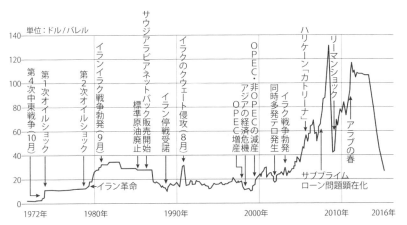

図 3-8　原油価格の推移を表した図です。1970年までは安かった石油は2回のオイルショックで価格が急騰しましたが，1980年から2000年まではほぼ10ドル台で安定していました。2000年以後，再び急騰し，一時は100ドルを超えましたが，シェール革命があって，現在は30ドル台にまで下がりました。

3.1.4 原子力利用のための資源

ウラン（元素記号 U）は，放射性の天然物質で，原子力発電のためのエネルギー資源（核燃料）として使われています。ウラン鉱山に蓄積されている他，海中にも存在しています。常に放射線を出して変化をしており，地球上で最もたくさん存在するウラン 238 は，半減期が約 44 億 6,800 万年です。半減期とは，放射性同位体が放射性崩壊によって他の元素に半分だけ変化するのに要する期間です。

原子力とは，ウランのような放射性物質が，物質自身の質量が放射線として出ていくことに伴って発生するエネルギーで，太陽の熱エネルギーの源でもあり，地球の内部でも核分裂反応が継続的に起こっているといわれています。

天然化石燃料に比べると非常に少ない資源量で，大きなエネルギーを発生できるため，最初は原子爆弾というかつてない強力な武器として開発されましたが，その後，核分裂反応を制御して安定した熱エネルギーを取り出せるようになって，発電などの平和利用に使われるようになりました。

ウラン鉱山からのウラン採掘は，オーストラリア，カザフスタン，ロシアなどで行われています。日本でも，岡山県と鳥取県の県境の人形峠においてウラン鉱脈が見つかり，試掘が行われましたが，資源量が少なく，現在は採掘されていません。

ウランからはラドンやガンマ線などの放射線が出ており，採掘においては人体に影響がないように対策することが求められています。特に，ウランを抽出した後に残る大量の残土の中にも微量の放射性物質が残っている場合があるため，その処理対策も重要となっています。

採掘されたウラン鉱石から，ウランを抽出してイエローケーキと呼ばれる物質にして納入され，原子力発電所の燃料として使えるように加工が行われます。

第 3 章　エネルギー資源　　45

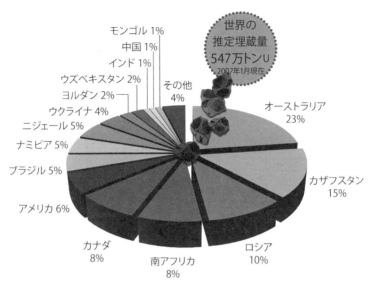

図 3-9　ウラン資源の推定埋蔵量を示しています。オーストラリア，カザフスタン，ロシア，南アフリカなどに多く埋蔵されていますが，アメリカ，カナダといった北米もウランの有数の埋蔵国になっています。

3.2　深海底に眠る新しいエネルギー資源「メタンハイドレード」

　地球内部に蓄えられたエネルギー資源に，最近になって，日本の近海にも存在する新しい有望な資源が加わりました。それがメタンハイドレードです。メタンガスは，天然ガスと同様に炭素を主成分とする物質ですが，低温，高圧の環境のもとではシャーベット状になります。地球上で低温，高圧の環境といえば深海です。このメタンハイドレードが，低温，高圧の環境である深海底にたくさん存在することがわかってきました。日本の近海にもたくさん存在し，これを海上に引き上げて，さらに陸上に輸送してエネルギー資源として利用するための技術開発が進んでいます。化石燃料資源には恵まれていない日本も，このメタンハイドレードの開発が進めばエネルギー資源国となるかもしれません。

図 3-10 深田サルベージが建造した日本で最初の民間深海調査船「ポセイドン1」です。メタンハイドレードの探査などにあたります。

3.3 生物（バイオ）エネルギー資源

　生物エネルギー資源は，バイオエネルギー資源とも呼ばれます。太陽光のエネルギーを光合成で炭素として固定化している植物は，古くから燃料として利用されてきた最も馴染みのあるバイオ資源です。木や草は乾燥させるとよく燃えますので，熱エネルギーを取り出しやすく，食べ物の煮炊き，暖房，そして照明としても使われてきました。やがて人間は，木を炭化させた炭にすると，保存もしやすく，燃やすと長時間の燃焼が可能となることを知りました。

　石炭や石油などの化石燃料も，もともとは生物資源ですが，長い年月をかけてエネルギーが凝縮されているのに対し，一般的な生物資源はエネルギー的には密度が濃くありません。すなわち，同じ仕事をさせるには化石燃料に比べると大量に必要となります。人間のエネルギー利用が増加するのに従い，薪などの生物資源そのものからの密度の低いエネルギーだけでは足りなくなり，山にはすっかり木がなくなってはげ山が増えたりもしました。これは，人間が進化と共に各種の金属の道具を使うようになったからだと考えられています。たとえば，鉄の道具を作るためには，鉄鉱石から原料である鉄を抽出し，それを加工するので，そのために大量のエネルギーが必要でした。

第3章　エネルギー資源　　47

コラム⑩　長崎沖の軍艦島

　長崎の沖にある端島(はしま)は，かつては炭鉱の島で，たくさんの作業員とその家族が住んでいました。狭い島なので高層のアパート群が建てられ，外から島を見るとまるで軍艦のように見えるため「軍艦島」と呼ばれるようになりました。1974年に炭鉱が閉鎖され，無人島となり廃墟となっていましたが，今は観光地として脚光を浴び，世界遺産にも登録されることになっています。島には長崎港から観光船が出ています。

図 3-11　長崎の沖合に浮かぶ，かつての石炭炭鉱の島は「軍艦島」と呼ばれています。かつてはたくさんの人々が暮らしていましたが，今は無人の廃墟となっており，観光地として人が訪れています。

しかし，植物は太陽からのエネルギーを受けて日々成長をします。すなわち，その成長に合わせて持続的に使うシステムをつくれば，生物エネルギー資源の有効活用が可能となることとなります。

　生物資源からエネルギーを取り出す方法としては，前述したように直接燃やして熱エネルギーに変換する方法と，化学反応を使ってメタンなどに変える方法があります。前者の方が熱効率は良いのですが，車のエンジンなどの燃料としては使いにくいので，メタン発酵などの手法で気体のメタンや液体のメタノールにする方法が実用化されています。

　生物そのもののもつ能力で燃料を製造するという試みもなされています。水中で育つ藻の中で油を作る試みがあり，その油を航空機用燃料として使う研究も進められています。

コラム⑪　どぶ川でのメタン発酵

　かつて日本の都会の小さな川は，生活排水などを直接流していたために，汚いどぶ川状態でした。そして，その水面には，ぽこぽこと気泡が浮き上がっていました。これは，川の底にたまった汚泥が発酵してメタンを発生させていたものです。これを集めれば，立派なメタンガスというエネルギー資源になるのですが，何といっても密度が低すぎて使いようがなかったのですね。

3.4　ゴミもエネルギー資源

　山の木を大きく育てるために，過密になりすぎた木を間引いたものが間伐材で，林業からでるゴミといえますが，これを燃やして電気を起こす発電所が各地にできています。海外産の安い木材の輸入によって疲弊した日本の林業を復興させると共に，エネルギーの自給にも役立つシステムといえます。

　また，家庭からでるゴミもエネルギー資源といえます。食材の余りの生ゴミは，もともと動植物系の炭素や脂質などからなっているので燃やすことができます。ただし，水分も多いので燃やす前にできるだけ乾燥させることが必要と

なります。また，ビニール，プラスチックなどのゴミも，石油を原料とした化学物質なのでよく燃えるので，生ゴミと一緒に燃やすと，燃焼させるために投入する石油などの燃料を少なくできます。直接，石油を燃料として使う前に，種々の用途に使われた後で最終的に燃やすということで，よく考えてみるとたいへん効率の良い石油の使い方ということになります。こうした訳で，ゴミ処理場で発電を行う地方自治体の中には，ゴミの分別回収を取りやめたところもあります。

図 3-12　家庭からでる大量のゴミ（燃えるゴミ）も有効に使うと環境負荷の小さいエネルギー資源となります。写真は，ゴミ収集車と，マンションで大量に出たゴミの山です。

3.5 自然エネルギー
3.5.1 水力エネルギーの利用

　自然エネルギーを使った発電の中で，唯一，コスト的にも，火力発電や原子力発電に対抗できるレベルなのが水力発電です。この水力発電は，高い場所にある水のもつポテンシャル（位置）エネルギーを利用しています。では，なぜ高いところに水がたまっているのでしょうか。それは，太陽からのエネルギーで，海面などから水蒸気が上がり，雲となり，それが高い山で雨や雪となって地表に戻って，川や地下水脈となって高さの低い海へと戻るからです。すなわち，太陽エネルギーの利用の1つの形態ということもできます。

　この水のもつ位置エネルギーは，川をせき止めるダムを造って，人造湖に水をため，そこから制御しながら放水された水の流れの運動エネルギーを使って発電機を回して電気を起こしています。日本は雨も多く水力エネルギーが豊富ですが，比較的狭い土地に高い山があることから，川が急流ですぐに海に流れて出てしまいます。そこでダムを造って水をためる必要があるのですが，人造湖の中に沈んでしまう村落や，周りの自然破壊を伴うことが多く，なかなかダムを造るのに適した場所がないため，今後は日本での大規模な水力エネルギーの利用拡大は難しいとみられています。

　カナダやノルウェーは水力エネルギー源が豊富で，カナダでは全発電量の58%，ノルウェーではほとんどのエネルギーを水力で賄っています。

> **コラム⑫　ダムの役割**
>
> 　ダムは，水源の確保，発電といった機能だけでなく，下流の洪水を防ぐ治水機能ももっています。最近，温暖化の影響もあって，激しい雨が局所的に降るようになったといわれており，時々，川が氾濫して大きな被害を起こしています。民主党が政権をとっていた時に，「コンクリートから人に」というスローガンで，ダム建設などの公共事業の予算を大幅に削減したことがありました。しかし，コンクリートが人間を守る機能をもつ場合もあるので，短絡的な思考は禁物ですね。
>
>
>
> 図3-13　グラスゴーの水力発電所。山の上にためた水を落として，そのエネルギーで電気をつくります。

3.5.2　地熱エネルギーの利用

　日本で将来的に有望な自然エネルギーと考えられるのが，地熱エネルギーでしょう。地球の表面を形作る複数のプレートの境目に位置する日本は，たくさんの火山や温泉があることからわかるように，地熱エネルギーが豊富です。地球の深部は，どろどろに溶けた1,000℃以上の金属物質であるマグマからできており，火山の下には湧き上がってきたマグマがたまっているマグマだまりが

あります。この熱で温められた地下水が温泉として使われているのです。

この地球内にたまった膨大な熱エネルギーを活用することは、一気にエネルギー問題を解決する可能性をもっているように思います。しかし温泉大国の日本においては、地熱エネルギーの利用が、観光事業として温泉との競合する関係でなかなか進んでいないといわれています。地下の温水を発電に大量に使うと温泉が枯れるのではないかと温泉事業者が恐れているからです。

しかし、地球内部の熱エネルギーはほぼ無限です。温泉観光と競合しないように、この熱エネルギーを有効利用することは可能なはずです。さらに将来的には、地下深くまで掘った井戸から水を注水して、地熱を使って熱して蒸気を取り出すような新しい技術もきっと可能だと思います。

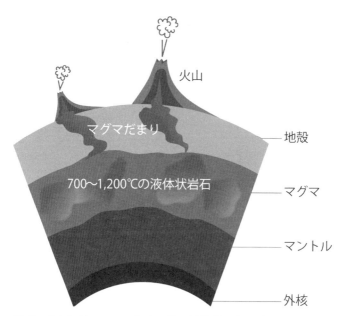

図3-14 地球の内部には1,000℃程度の熱い液体状の岩石があり、それがマグマです。マグマは近くの割れ目を通って上昇してマグマだまりを形成し、その近くで温められた地下水が温泉などとして利用されていますが、その熱エネルギーで発電するのが地熱発電です。地球の内部の膨大な熱エネルギーの利用が可能となります。

3.5.3 太陽光・太陽熱の利用

毎日，地球に降り注ぐ太陽からのエネルギーは，地球上のあらゆる生命体の基礎となっています。このさんさんと降り注ぐ太陽光もたいへん大事なエネルギー源といえます。

太陽は，その光で植物を育てて，その植物が生む酸素が地球を覆ってくれています。この太陽光のエネルギー収支を見てみると，その多くは反射や放射をされてしまい，地球上に留まるのはわずかです。この留まったエネルギーもいずれは地球外に放出されて，収支としては入るエネルギーと出ていくエネルギーはバランスしています。

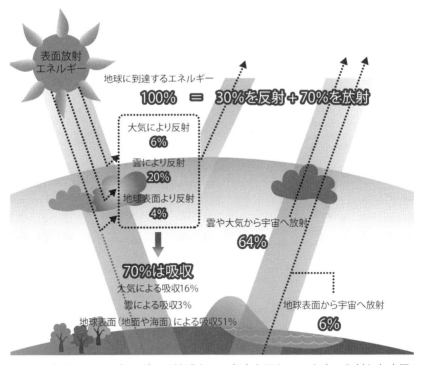

図 3-15　太陽からのエネルギーの地球上での収支を示しています。入射した太陽エネルギーの約 30%はすぐに反射され，残りが大気，雲，地球表面で吸収されますが，その 70%も放射されることを示しています。

この太陽光のエネルギーは，雲をつくって水源をつくり，植物は光合成によって炭素を固定化して地球上のエネルギー源として蓄えます。光合成で太陽光を使って炭素を固定化してエネルギー資源に変換できる植物は本当にえらいですね。この光合成を人工的に起こそうという研究も行われており，いつかは効率的に太陽光からエネルギー資源が人工的につくられる時代が来るかもしれません。

　しかし，この降り注ぐ太陽光のエネルギーを有効に使うのは容易ではありません。まず，太陽からの熱エネルギーの利用について説明します。太陽熱エネルギー（Solar Thermal Energy）とは，太陽光のエネルギーが熱に変換された状態，もしくは熱の形を経由して仕事に用いる利用形態の総称です。再生可能エネルギーの一種であり，蓄熱が比較的容易で，利用形態が多様なのが特徴です。

　一般的には集熱器を用いて太陽光を熱に変換し，熱せられた空気や蒸気を用いてタービンを回して発電したり，熱自体を活用したりします。直射日光の多くかつ広い土地を必要としますが，蓄熱すなわち熱として蓄えることができるため，連続的な安定した利用が可能です。太陽電池による発電よりも導入費用が安い他, 蓄熱しておくことにより24時間継続的な発電が可能というメリットがあります。また，燃料を用いないため燃料費がかからない他，稼働中にCO_2（二酸化炭素）を排出しないのも地球温暖化にとってはメリットです。

　この太陽熱の利用には種々の形態のシステムが提案されていて，国際的に大きな競争になっています。地表面に到達する太陽光のエネルギーは人類のエネルギー消費量に比べて桁違いに大きく，砂漠などの陸地のごく一部に太陽光発電設備（もしくは太陽熱発電設備）を設置するだけで，全世界のエネルギー需要量を上回るエネルギーが得られるとの試算もあります。

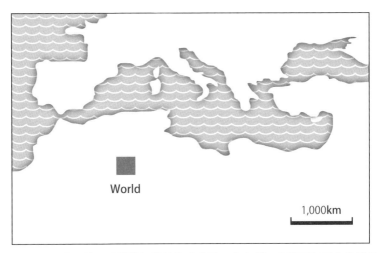

図3-16 アフリカのサハラ砂漠に降り注ぐ太陽エネルギーを利用して全世界のエネルギー需要を賄うのに必要な面積を正方形で示したものです。意外に小さな面積で全世界のエネルギーが賄えることに驚かされます。ただし，エネルギーを100％利用したとしての試算です。サハラ砂漠に太陽熱発電基地を造って欧州に電力を供給しようという計画もあります。（DESERTEC Foundationのウェブサイト（http://www.desertec.org/）を参考に作図）

　太陽熱の利用は，小規模のものとしては，各家の屋根に載せた温水器をはじめとして古くからいろいろと考案されています。たとえば，家庭用の太陽熱温水器によってつくられたお湯は，主に風呂などの温水に利用されていて，夏場には，びっくりするほど熱い湯が得られます。日照があるときに太陽光を利用して水のもつ熱エネルギーとして蓄熱できるので，後述する太陽電池とは違って，短時間の太陽光放射強度の変動や，夜間にエネルギーが得られないといった問題は発生しないのが特徴です。すなわち太陽のエネルギーを熱として蓄える方法は，太陽光という昼夜，天候，季節によって変動の激しいエネルギーを平準化して利用する上で非常に優れているといえます。こうした小規模のエネルギー蓄積技術を利用して，家庭をはじめそれぞれの場所でのエネルギー消費を抑えることは，発電や熱機関を使ってエネルギーをつくることと同じくらい大事なことです。まさにエネルギーの地産地消といえます。

この太陽熱エネルギーの利用方法は，アクティブ利用とパッシブ利用に分類することができます。

アクティブ利用としては，

- 太陽熱温水器（ソーラーシステム）：太陽光で加熱した水を暖房や給湯に利用します。
- ソーラーヒートポンプ：低沸点の冷媒を蒸発させて動力として利用し，ヒートポンプを駆動して冷暖房などに用います。
- ソーラーハウス：上記のソーラーシステムなどを用いた住宅を指します。パッシブな場合もあります。
- ソーラーウォール：建物の外壁に集熱器を取り付け，暖房や換気などに利用します。構造が単純なのが特徴です。

などがあります。

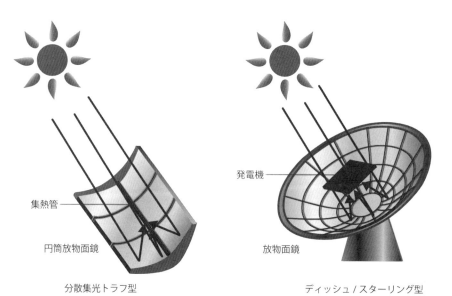

分散集光トラフ型　　　　　　　　ディッシュ / スターリング型

図 3-17　太陽光を，鏡を使って 1 点に集中させて液体を集めたり，発電したりするシステムが開発されて稼働しています。

また，パッシブ利用としては，
- ビニールハウス，温室：自然に入射する太陽光で室内を暖めます。
- ソーラーポンド：大きな塩水の人工池を造って周囲を断熱し，太陽熱を蓄熱する方式で，低温レベルの熱を大量に蓄積できるのが特徴です。
- 太陽炉，ソーラークッカー：太陽光を鏡などで集光し，集光点に加熱対象を置いて利用します。

などがあります。

近年，もう1つの太陽光エネルギーの利用手法として注目を集めているのが太陽電池です。太陽電池とは，太陽光のエネルギーを直接電気に変換できる装置です。名前には電池と付いていますが，乾電池のように電気を蓄えるものではなく，純粋な発電装置ですので，詳しくは5章の5.7「太陽光発電」において解説します。

太陽電池によるエネルギー利用の欠点は，夜間そして雨天時に発電出力が下がることです。電気はためておくことが難しいので，このように供給が自然現象によって変動することは決定的な欠陥となります。この欠点を補うためには，発電した電気を蓄電池にためたり，水素などの他のエネルギー資源に変換したりすることが考えられています。また，太陽電池自体が高価なこと，大規模に設置するためには土地も必要なことなどもコスト面での欠点となっています。

> ### コラム⑬　サンシャイン計画
>
> 　太陽エネルギーの利用には，過去にもブームがありましたが，原油価格に大きく影響されました。日本においては，1970年代にオイルショックに対応して国家プロジェクトして取り組んだサンシャイン計画もその一例です。それまで太陽熱の利用が中心であった太陽エネルギーの利用が，太陽電池という太陽光からの直接発電に舵を切ったものでした。しかし，その後の原油価格の低下に伴って一時下火になりました。再び原油価格が上昇するとともに環境問題がクローズアップされるようになり，1990年代にはニューサンシャイン計画が立てられました。特に環境対策として太陽電池の開発が促進され，日本の太陽電池産業は大きく成長しました。
>
> 　また，ニューサンシャイン計画の中では，地熱エネルギー，水素エネルギー，石炭液化・ガス化などの研究も進められました。

3.5.4　風力

　風のエネルギーが，風車として排水や，船などの推進力として古くから使われてきたことは前述しました。しかし，安定的に大きな力の出せる熱機関（動力）の登場で，不安定な風力は敬遠され，船の推力としてもレジャーなどの用途を除くとほとんど使われなくなりました。社会の進歩に伴って，あらゆる交通機関にスピードと定時性が強く求められるようになったためです。

　風のエネルギーを使って発電をすることが考えられたのは，1970年代のオイルショックの後のことです。それ以降，現代的な風車を使った風力発電システムの開発が行われています。

　風力エネルギーの欠点は，太陽光と同様に，エネルギー供給が，まさに風まかせで，不安定なことです。風が吹けば発電ができますが，止めば電気はつくれません。ただし，コスト的には太陽電池よりは優れており，自然エネルギーの中ではまだ増やす余地のあるエネルギーとみられています。

第 3 章　エネルギー資源　　59

図 3-18　風力発電機の羽は細長く 3 枚のものが主流です。燃料は不要ですが，風のある時にしか発電できないので，安定電源とするためには蓄電装置が必要となります。

第4章 エネルギー資源の利用
（熱機関）

　エネルギー資源を使って，その場で仕事をさせることのできる熱機関は，エンジンとも呼ばれ，その仕事をする場所が移動するような場合に適しており，各種の交通機関に広く使われています。

4.1 外燃機関

　18世紀後半にイギリスで誕生したワットの蒸気機関をはじめ，燃料を燃やして釜（ボイラー）の中の水を沸騰させて蒸気を作り，その膨張による高い圧力や，速い蒸気の流れを利用して機関を動かすのが外燃機関です。

　ワットの蒸気機関は，ボイラーで水を加熱して蒸気を発生させ，その蒸気をシリンダー内に導いて圧力でピストンを上下に動かし，それをクランク軸で回転運動に変換しており，レシプロ機関と呼ばれています。この蒸気レシプロ機関は今では姿を消しました。

　蒸気タービンでは，ボイラーで作った膨張した蒸気の流れを使います。回転軸のまわりに取り付けられたたくさんの羽根（タービン）に，高速の蒸気の流れをあてて回転させて，その回転力を動力として利用します。

　かつて蒸気タービンは非常に高い出力が出るため，大西洋や太平洋を渡る大型高速客船などに広く使われていました。しかし，次第に熱効率の良いディーゼル機関にその座を譲り，今ではLNG船などの一部の特殊船や原子力船などだけに使われるようになっています。

4.2 内燃機関

　機関の中で燃料を爆発的に燃焼させて運動エネルギーを取り出す機関としては，自動車のガソリンエンジン，自動車・鉄道・船・発電などに使われるディーゼルエンジン，航空機や発電などに使われるガスタービンがあります。ガソリンエンジンは，軽いエンジンが必要な小型乗用車，バイクなどに使われていますが，熱効率がディーゼルエンジンに比べると半分程度なので，次第にディーゼルエンジンを搭載する車が大型車だけでなく乗用車にも広がってきています。

　飛行機は，空中に浮き上がるためと高速を出すためにさらに軽く高出力のエンジンを必要としており，今では，主にガスタービンエンジンが使われています。ガスタービンエンジンはジェットエンジンとも呼ばれ，燃料を爆発的に燃焼させて高速のガスを発生させ，そのガスでタービンを回転させて圧縮したガスを後方に噴出して，その反動で前に進む推力を得ています。このガスタービンは，飛行機だけでなく，発電所の発電機，船舶のエンジンとしても使われています。

　外燃機関では固体の石炭が多く使われましたが，内燃機関では，液体である

図4-1　ジェット機のガスタービン機関は，最も軽量で高出力の内燃機関です。

石油またはその精製油を利用するのが一般的です。さらに，天然ガスなどの気体燃料によって動く内燃機関も出てきています。

コラム⑭　LNG燃料で走る船

船からの排気ガスの規制も環境問題から厳しくなっており，ディーゼル機関を天然ガス（LNG）で動かすLNG燃料エンジンを搭載した船が，特にフェリーなどで急速に普及しつつあります。勇ましく黒煙を煙突から吹き上げて走る船は，もう環境の時代では生き残れないのかもしれません。

図4-2　LNGを燃料とするディーゼル機関で推進する大型カーフェリー「バイキング・グレース」。船尾に積むタンクにLNGを積載しています。スウェーデンとフィンランドを結ぶバルト海横断航路に就航しています。

第5章 エネルギーの利用
（電気）

　現在，エネルギーの利用法として最も一般的になっているのが電気です。2.6，2.7で述べたように発電所から電線で瞬時に送ることができ，スイッチ1つで使えるというメリットが大きいためです。すなわち，電気をつくる場所（発電所）と，電気を使って仕事をさせる場所を分離することができたのです。本章では，発電所での発電について紹介します。

　なお，電気を起こす原理には，すでに説明したように，電磁誘導の原理が使われています。すなわち，回転する磁石，または固定磁場の中で電線コイルを回転させると，電気が起こるという現象です。この回転運動を得るために，内燃機関や外燃機関などの熱機関（動力）を利用する他，水の流れや風などの自然エネルギーを使う場合もあります。5.1から，それぞれの発電について説明します。

5.1　水力発電

　高い場所にある水のエネルギーを使って発電するのが水力発電で，一般的には川をダムでせき止めて水をため，落差を利用した水流で水車を回して発電機で電気を起こします。日本では大正から昭和初期にかけて多くの水力発電所が建設され，1950年代までは水力発電で電力需要の大半をまかなっていました。しかし，エネルギー需要の増大に伴って，相対的な地位が低下し，現在は日本の総電力の8％余りを占めるまでに低減しています。

　水力発電は燃料などのエネルギー資源が不要なため，純国産かつCO_2をは

コラム⑮　発電機と電気モーター

　電気を起こす発電機と，電気で動く電気モーターは基本的に同じものです。回転運動を与えて電磁誘導で電気を起こすか，電気を与えて電磁誘導によって回転運動を得るかの違いです。したがって，同じものをある時は発電に，ある時は駆動させることに使うことができます。ハイブリッドカーなどにも，減速時には発電機として機能させて蓄電池に電気をため，加速時に車の駆動をアシストする電気モーターとして使用するものがあります。

　阪九フェリーの新鋭フェリー「いずみ」にも，同様のシステムが搭載されています。

図 5-1　関西と九州とを結ぶ瀬戸内海航路に就航している阪九フェリーの新鋭大型カーフェリー「いずみ」には，余剰馬力を使って軸発電機（船を推進させるプロペラの回転を使って発電する装置）で発電して蓄電池にためておき，必要な時に軸発電機を電動モーターとして使って船の推進を加勢するシステムが搭載されています。

じめとして有害排気ガスの排出もきわめて少ないクリーンなエネルギーです。また，エネルギー効率については，水の持つエネルギーの80％を電気に変えることができ，火力発電の40～60％の熱効率に比べると高い熱効率の優れた発電システムです。また，初期のダム建設の費用は大きいですが，完成すると維持費が少なく経済性にも優れています。電力需要が多くなった時にすぐに必要な発電ができるという特性も，火力発電や原子力発電のように連続運転の方が効率の良い発電システムの補完には適しています。

水力発電の1つに揚水発電があります。これは，ダムの下流側にも水をためる池を造り，夜間などの電力需要が少ない時に，火力や原子力発電の余剰電力で，下のため池の水をダムに上げてためておき，電力需要が大きな時のための発電資源とするものです。水を揚げるために無駄なエネルギーを使っているようにみえますが，ためておけない電気という特性からすると大事な電力供給の時間的な調整の役割を担っており，一種の2次電池（蓄電池）とみなすこともできます。

ダムには，洪水を防止したり，飲み水や農業用水の安定的な供給をしたりする社会的な重要な役割もあります。

水力発電のコストとしては，まず建造にあたっての資本費として，ダム・発電所の建設費や地域整備費があり，コストの中の最も大部を占めています。修繕費としては，各種補修のためのコストが必要となります。人件費としては，他の発電施設と一括運転している事例が多いので各ダムで発生するとは限りません。また，固定費として，発電には直接関係のしない諸税などの費用が計上されます。

ダムの建設に際しては，まわりの環境が大きく変わり，ダム湖の中に水没する集落なども出てくることから，十分な環境整備が必要となります。また，表5-1に示すようなダム決壊といった大事故も起こっています。

表 5-1　世界の主なダム決壊事故

1889 年	アメリカ	サウスフォークダム決壊	2,200 名死亡
1959 年	フランス	マルパッセダム決壊	500 名死亡
1963 年	イタリア	バイオントダム，地すべりによる越水事故	2,000 名死亡
1975 年	中国	板橋・石漫灘ダム決壊	1,800 名死亡
1976 年	アメリカ	ティートンダム決壊	11 名と家畜 6,000 頭が死亡

　さらに大規模なダムについては，周辺地域の気候への影響，地域生態系への影響，下流のデルタ地帯への影響などがあります。

　日本の代表的な水力発電ダムとしては，南相木ダム（2,820,000 kW（予定），揚水発電所）や黒部ダム（335,000 kW：一般家庭 30 万戸分）などがあります。

　水力発電では，大型ダムに設置される大規模発電施設だけでなく，少ない落差を利用したり，水が流れる川や水路を利用したりする小規模のものもあり，マイクロ水力発電と呼ばれて注目を浴びています。小川，水路，道路わき側溝の水流などを使ったものもあります。200 kW 未満の発電設備がほとんどで，発電できる電力も小さいのですが，規制がほとんどなく，誰でも設置できること，建設費が安価であること，環境に大きな影響を及ぼさないこと，太陽光や風力に比べて安定的に発電できることなどのメリットがあることから，地域の電力の一部を賄うことができ，電力の地産地消には適しています。欠点としては，流れの中にゴミなどがつまることや，水不足時には水量が減ること，洪水時には破壊・破損の可能性があることなどが指摘されています。

第 5 章　エネルギーの利用（電気）

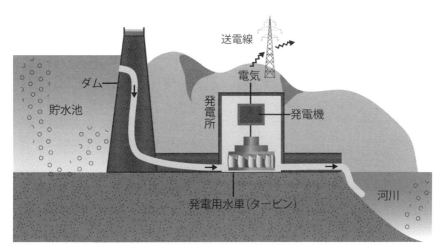

図 5-2　川をダムでせき止めて貯水池にたまった水を流して，発電用水車を回して発電機で電気をつくります。燃料がいらないので，環境面でも経済面でも優れた発電ですが，日本国内ではダムを造る適地があまりないといわれています。

表 5-2　世界の水力発電所の発電出力のランキング

順位	国名	ダム名	ダム堤高	認可出力	完成年
1	中国	三峡ダム	185m	18,200,000kW	2009年
2	ブラジル／パラグアイ	イタイプダム	196m	12,600,000kW	1991年
3	ベネズエラ	グリダム	162m	10,000,000kW	1986年
4	ブラジル	トゥクルイダム	95m	8,370,000kW	1984年

（出典：Wikipedia）

> ### コラム⑯　ダムとは？
>
> ダムとは，国際大ダム会議（1928年創立）では，堤高が5m以上で，貯水容量が300万立方m以上の堰堤と定義されていますが，日本の河川法の中の「ダム」は，堰堤（えんてい）が15m以上のものと定義されています。もともとはオランダ語で，オランダの都市のアムステルダムやロッテルダムの名前には，「ダム」という言葉が入っています。
>
>
>
> 図 5-3　ダムで水をためておき，落差を使った流れで発電機を回して発電します。写真は，岡山の苫田（とまた）ダムで，発電だけでなく，洪水防止，上水道，農業・工業用水の確保の役割も担っています。

5.2　火力発電

　石炭，石油，天然ガスなどの化石燃料を使って電気を起こすのが火力発電で，日本の発電の中で最も大きい割合を占めています。大量の石油，石炭，LNGなどの燃料を使用するため，発電所は，燃料を運ぶ船舶が着岸のできる臨海部に建設されているのがほとんどです。

いわゆる熱機関（外燃機関と内燃機関）によって，燃料のもつ化学エネルギーを熱エネルギーに変えて運動エネルギーを取り出して，その回転運動で発電機を動かして発電します。

蒸気タービン，ディーゼルエンジン，ガスタービン，コンバインドガスタービン機関などの熱機関が用いられています。

蒸気タービンの場合には，ボイラーで燃料を使って水を熱して蒸気を作り，その蒸気でタービンを回します。燃料としては，石炭，石油，天然ガスのいずれでも使えます。汽力発電とも呼ばれます。

ディーゼル機関では，シリンダーの中に燃料を噴射して爆発的に燃焼させ，その力でピストンを上下に動かし，それをクランク軸で回転運動に変換して発電機を回します。燃料は，石油か天然ガスで，固体の石炭は使えません。

ガスタービンは，圧縮した空気中で燃焼させたことによって生ずるガスでタービンを回して，発電機を回します。このガスタービンはジェット機にも使

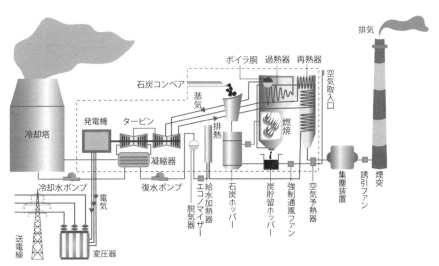

図 5-4　石炭火力発電のシステムを表しています。石炭を燃やして蒸気を作り，その流れでタービンを回して発電機で電気をつくります。蒸気は冷却して水に戻して循環をさせます。

われている機関で，小型で軽量なのが特徴です。

コンバインドガスタービン機関では，ガスタービンから排出される高温の排気ガスでボイラーの水を温め，蒸気を作って蒸気タービンを回して，2段階の課程で発電機を回します。このためエネルギー効率が高いのが特徴です。

熱効率は，熱機関を使った汽力発電で40〜45%，コンバインドサイクル発電で44〜66%となります。安定した発電が可能で，また需要に合わせた運転調整も可能です。

前述のいずれの発電方法でも，排気ガスが出るので煙突が必要で，その拡散を効率良くするために60〜100mの高さの煙突があるのが普通です。この排気ガスには，CO_2の他，NOx，SOxなどの有害廃棄物の排出も含まれているので，これらを低減させるための技術開発が進んでいます。

図5-5 関西電力の和歌山にある海南火力発電所。4基の石油を燃料にした発電施設があり，総出力は210万kWで，燃料の石油は重油，原油です。

コラム⑰　火力発電船

日本で火力発電所を陸上に建設することはそう簡単ではありません。大きな港がある臨海工業用地にはあまり土地は残っていませんし，排気ガスの問題で周辺に住宅地などがあると建設反対運動も少なくありません。

そこで，洋上に浮かぶ火力発電船を建造して必要な場所に持って行くことが考えられました。特に，開発の遅れた地域や離島などでは，建造した洋上発電所をタグボートなどで引っ張っていくとすぐに発電が開始できます。最近，三菱重工がLNGを燃料にした洋上火力発電船を開発して，フィリピンやインドネシア島の島国に販売を開始しています。出力は25万kWで，原子力発電所1基の約1/4の規模で，約15万人分の電力を賄えるといいます。建造価格は400〜500億円だそうです。

5.3　原子力発電

核分裂による熱エネルギーを使って発電するのが原子力発電です。燃料の燃焼を伴わないためCO_2や有害排気ガスの排出がないクリーンなエネルギー利用ですが，まだ，発電後に出る放射性廃棄物の処理の問題と，万一事故が起こった場合の対応の問題などが残っています。

また，原子力は，最初に原爆という大量殺戮用の武器として開発されたことから，その利用には慎重な意見も多く，核分裂反応の制御ができるようになり，発電という平和利用に使われるようになっても，原子力利用および原子力発電所の建設反対の声も大きいのが現状です。特に，日本においては，2011年の東日本大震災時の津波によって東京電力の福島第一原子力発電所の事故をきっかけに，原子力発電に対する拒否反応が広がっています。

原子力発電は，陸上の発電所以外においても，船，特に潜水艦などの軍艦や砕氷船の動力として使われており，その場合には発電した電気で電気モーターを動かして推進力を生んでいます。商船での利用としては，アメリカ，ドイツで実用化されましたが，油を燃料とするディーゼル機関には経済的に太刀打ちできずに，いずれも1隻だけの建造で終わっています。日本も原子力商船の実

験船「むつ」が建造されましたが,実験段階で放射線漏れを起こして開発がストップして,そのまま開発が中止となりました。

5.3.1 核分裂反応

　原子力発電のエネルギーの元となる核分裂反応には,核分裂と核融合があります。核分裂とは,原子核(陽子 + 中性子)と電子からなる原子が分裂することです。たとえば,ウラン235の原子核に中性子をあてると,原子核が分裂し,電磁波を放射します。また,ウラン238に中性子をあてるとプルトニウムが生成され,核分裂が発生します。このウランは天然資源ですが,自然に存在するのはウラン235がほとんどで,ウラン238はわずか0.7%だといいます。

　この核分裂で,なぜ巨大なエネルギーが取り出せるのかについては,物理学者のアインシュタインが,その原理を発見しました。すなわち,核分裂によって物質の質量が減少すると,その減少した質量に,光の速度の2乗(同じ数を2回掛け合わせる)分だけのエネルギーが生じるというのです。式に書くと,

　　エネルギー = 減少した質量 × 光速^2

　　　　　　光速 = 299,792,458m/s

となります。核分裂すると,分裂後の原子核と中性子の質量は,分裂前の質量よりわずかに小さくなります。減少する質量はとても小さいのですが,秒速約3億mの光速の2乗なので,とてつもなく大きなエネルギーになるのです。

　この核分裂反応を連鎖的に発生させると,巨大なエネルギーを連続的に取り出せることとなり,爆発的な反応をさせると原子爆弾となり,連鎖反応を制御しながら起こさせると,原子力発電として利用することが可能となります。

　核を分裂させるのと同じように,核を融合させてもエネルギーを取り出すことができ,核融合と呼ばれています。たとえば,水素の原子核の陽子に中性子を近づけて強い引力を発生させると,結合して重水素の原子核となり,この時に質量がわずかに減少して,核エネルギーが発生します。核分裂と同様に,連鎖的な核融合反応を起こさせたのが水素爆弾,すなわち水爆です。この核融合の制御的な反応ができれば,平和利用が可能となりますが,まだ実用化には至っておらず,よりクリーンな未来の発電として期待がされています。

この核エネルギーは地球上のすべてのエネルギーの源であり，地球に生きる我々が生まれ，生存できる糧となっています。太陽は，核融合反応で起こした巨大なエネルギーを地球にまで届けています。また，地球の内部は，中心付近で 6,000°C，地表から 100km の深さで 1,000°C と，まさに熱い火の玉ですが，これは，もともと高温であったものが次第に表面から冷えてきたのですが，内部では今でもウランなどの放射性元素が核分裂反応をして発熱していることによって高い温度を保っているといわれています。その証拠が，天然原子炉と呼ばれるもので，アフリカのガボンのオクロ地区に，60 億年前にでき 60 万年間核分裂の連鎖反応が続いたとみられる証拠が見つかっています。ここではウラン鉱床に地下水が染み込み，水が中性子減速剤となって核分裂反応が起こったとされています。

　原子力発電の燃料にあたるのが放射性元素です。放射性元素は原子核が不安定で，自発的に放射線を出して崩壊します。こうした能力を放射能といいます。天然に存在する放射性元素には，ウラン，カリウム，ラジウムなどがあります。

コラム⑱　核エネルギーの平和利用

　核エネルギーの平和利用の歩みについて見てみましょう。核エネルギーの最初の実用化は，不幸なことに「爆弾」としてでした。この原爆が，第 2 次世界大戦の末期に，広島，長崎に投下されました。その後，武器として使われたことはありませんが，多数の原爆が一部の核保有国によって保有されています。

　この原子力の平和利用 (Atoms for Peace) は，米・アイゼンハワー大統領が 1953 年に提案しました。そして制御的に利用できる技術が確立し，発電，医療，原子力船，人工衛星などに利用されるようになりました。また，原子力の平和利用を安全に行うための監視機関として，国際原子力機関 (IAEA) が 1954 年に国連のもとに設立されています。

原子力発電では，核燃料（ウラン）の連鎖的核分裂によって熱エネルギーを取り出し，蒸気を発生させてタービンを回し，その回転によって発電機で電気を起こしています。単位燃料あたりの出力が大きく，ウラン1gで石炭約3トンと同じエネルギー量が取り出せます。また，燃焼を伴わないためCO_2（炭酸ガス）の排出がなく，地球温暖化の防止に役立つ重要なエネルギー源です。

　一方，高度な安全対策が必要なため発電所の建設費が高く，また熱効率は33〜34%で，大型火力発電（41〜43%）よりやや低いのが現状です。また発電量を調整するのが難しく，一定の電力を出す定常運転に適した発電となっています。放射性廃棄物の処理，廃炉の問題などもあり，まだまだ各種の技術開発が必要とされているのも事実です。

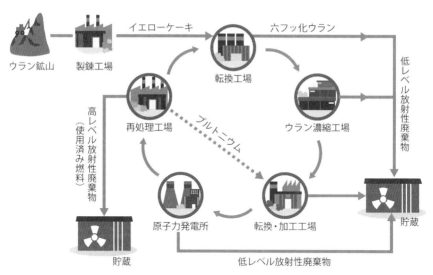

図 5-6　核燃料サイクルの概念図。鉱山で採掘されたウランはイエローケーキに加工されて，濃縮されて原子力発電所の燃料となります。放射性廃棄物がでてくるので，その処理が問題となります。（『エネルギー工学入門』（梶川武信 著，裳華房）を参照して作図）

第 5 章　エネルギーの利用（電気）　　77

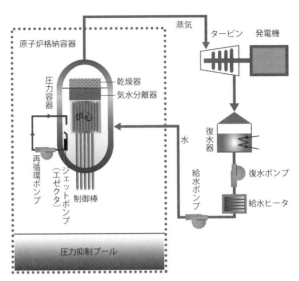

図 5-7　加圧水型原子力発電所の構成図。原子炉で蒸気を発生させて，タービンを回して，発電機を駆動して電気をつくります。（『エネルギー工学入門』（既出）を参照して作図）

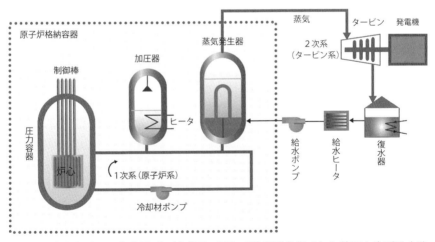

図 5-8　沸騰水型原子力発電所の構成図。炉心で核分裂を起こした熱で 1 次系の水路で熱を運んで蒸気発生器で蒸気を作り，その蒸気でタービンを回して発電機で電気を起こします。（『エネルギー工学入門』（既出）を参照して作図）

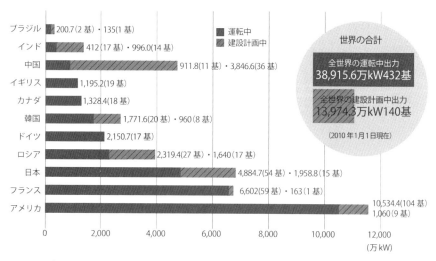

図 5-9　主要国での原子力発電所の数と出力を示しています。アメリカが最も多く，続いて，フランス，日本が原子力発電を多く使っています。また，中国が急速に原子力発電施設を建設し始めています。

コラム⑲　使用済み核燃料の処理

　使用済み核燃料は，プルトニウムと高レベル放射性物資になります。プルトニウムは，危険度が半分になる半減期が 24,000 年と長く，原子爆弾の基にもなり，日本にある分だけで広島型原爆の 4,800 発分となっています。高レベル放射性物資は，2,652 本が地下 300m に収納されており，24,770 本分が未処理のまま各原発に保管されています。その対策として海洋投棄する計画もありましたが，1993 年に放射性廃棄物の海洋投棄は全面禁止となりました。緊急条項として，関係国や IAEA と合意すれば可能となっていますが，実現は難しそうです。

第 5 章　エネルギーの利用（電気）　　79

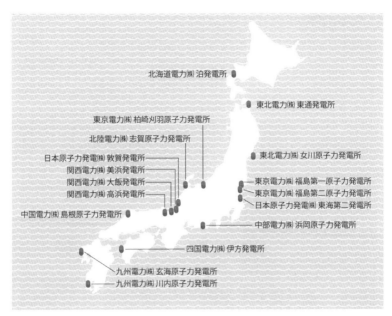

図 5-10　日本の原子力発電所の所在地。沖縄を除く日本各地に原子力発電所が造られています。

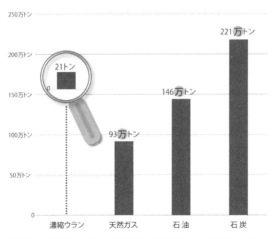

図 5-11　原子力発電に必要なウラン資源を，同じ電力を発生するための火力発電燃料の天然ガス，石油，石炭と比較すると，その違いがよくわかります。

5.3.2 高速増殖炉

次世代の原子力発電として期待されているのが高速増殖炉です。これは，高速中性子を用いて，核分裂性物質を生産（増殖）する原子炉で，燃料はプルトニウムと劣化ウラン（MOX 燃料）であり，消費される燃料以上の燃料が生産できるという夢の原子力発電です。

日本においては，実用化を目指した原子炉「もんじゅ」が建設されましたが，金属ナトリウム漏れ，装置の不備などが重なり，管理組織の問題点も指摘されて稼働中止状態になっています。

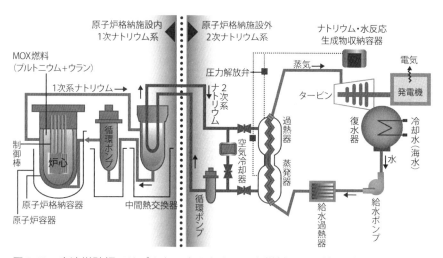

図 5-12 高速増殖炉ではプルトニウムとウランを燃料にして核分裂をさせますが，使う燃料以上に核分裂性物質が作られます。日本では「もんじゅ」が建設されましたが，種々の問題点が露呈して稼働ができない状況です。技術的課題の早期の解決が求められています。

5.3.3 安全性

原子力発電を考える上で，最も重要なのが安全性の確保です。原子力事故としては，原子力施設での放射性物質や放射線漏れがありますが，最も危険なのが炉心溶融（メルトダウン）と呼ばれる，原子炉内の核燃料の入った容器が溶解，崩壊して原子炉の底を溶融貫通する大事故です。過去には，世界で次の 3

つの大事故がありました。

表 5-3　世界の大きな原子力事故

1879 年	アメリカ	スリーマイル原子力発電所事故
1986 年	ソ連（現ロシア）	チェルノブイリ原子力発電所事故
2011 年	日本	福島第一原子力発電所事故

こうした原子力事故の特徴は，その影響が広範囲にかつ長期間にわたりあることと，その被害の原因となる放射線が目に見えないことにあります。

原子力発電所の立地上のリスクとしては，特に日本では地震や津波があり，その対策が必要となります。

またシビアアクシデント（重大事故）の対策として，原子炉冷却のための電源系統の確保や，爆発防止のためのベントシステムなども必要となります。

また，万一事故が起こった場合の避難対策や，その費用を誰が負担するのかといった社会的システムの構築も必要となります。

日本では，2011 年の福島での事故以来，全ての原子力発電所を停止して，その安全性についての検討を行い，2013 年に国の原子力規制委員会が，原子力発電所に対する規制を導入しました。それ以降，その基準に基づく安全審査に合格した上で，国や地方公共団体の同意のもとに原子力発電所の再稼働が可能になりました。この新規制基準では，可能性のある最大級の地震の揺れを想定し，津波での浸水，火山や竜巻などの自然現象などを考慮した上での安全が担保され，さらに事故が起きた時のメルトダウンの防止，放射性物質の拡散の抑制などを規定しています。

2015 年から，この新しい原子力発電所の規制基準に基づいた審査に合格した原子力発電所から順次再稼働されました。

> **コラム⑳　原子力を正しく恐れることが大切**
>
> 　原子力の平和利用にアレルギーのある人も多いようです。特に，日本では2回の原爆投下があり，かつ福島での原発事故の影響も大きく，原発反対を唱える人は少なくありません。しかし一方で，原子力発電の源である放射線は，レントゲンやがん治療，構造物の非破壊検査，医療衛生器具の殺菌や滅菌などに広く利用されており，人類に大きな恩恵を与えてくれています。
> 　こうしたことを総合的に考えると，原子力を正しく知り，その制御をすれば，原子力発電には多くのメリットがあると考えられます。
> 　地球上にはさまざまなリスクがあります。隕石の衝突から，巨大火山の爆発のような破滅的な天災から，自動車をはじめとする交通事故，各種の爆発事故などの人災のリスクもあります。
> 　原子力の平和利用についても，そのリスクを正しく評価して有効に利用することが大事だと思います。これまでの原子力事故はいずれも人災です。人災は，科学技術の力で極限まで少なくすることが可能です。

5.4　地熱発電

　地球内部の熱エネルギーを活用して電気を起こすのが地熱発電です。火山・温泉などで地中から湧き出る水蒸気または熱エネルギーによって蒸気を発生させて，蒸気タービンによって回転エネルギーに変換し，発電機を回して電気を起こします。エネルギー量は無尽蔵で，発電量が安定しており，CO_2の排出が少ないのが特徴ですが，開発期間が長くかかることと，初期投資が大きく，火山による噴火による自然災害の可能性が大きいのが欠点となっています。

　発電方法としては，井戸から噴出する水蒸気を利用するドライスチーム，水蒸気と熱水が含まれる場合に，水蒸気はタービンに，熱水は減圧して蒸気を発生してタービンに送るフラッシュサイクル，熱水のみの場合に，アンモニア，ペンタン，フロンなどの低沸点流体を使って沸騰させ，タービンを回すバイナリーサイクル，高温の温泉水の余剰エネルギーを使ってバイナリーサイクルで発電する温泉温度差発電，地下の高温の岩を水圧で破砕して，水を送り込み蒸

第 5 章　エネルギーの利用（電気）　　83

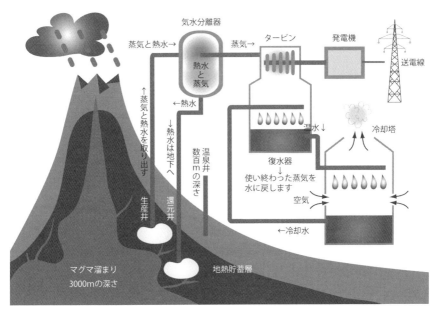

図 5-13　地熱発電のイメージ図。マグマ溜まりの近くの地下水が熱せられて蒸気が発生し，それを発電に利用します。

気を得る高温岩体発電などがあります。

　また，マグマ発電といって，マグマ溜まりの近くの高熱を利用する構想もあり，これはまだ実用化はしていませんが，今後の技術開発に期待がもてる新しい発電です。潜在資源量は大きく，日本のエネルギー需要の3倍のエネルギーが得られるとの試算もあります。

　今後の技術開発としては，補充井戸の建設，発電効率が 15 ～ 20％と低く，80％以上の熱エネルギーが放出（冷却塔で冷やされる）されており，その効率向上，この効率向上のため発電後の余熱の合理的な複合利用も必要とされています。

　発電量とコストについては，2005 年度の調査では，コストが 8.3 円/kWhと原発電所実績の 7 円/kWh に近いため，最も将来有望な発電システムです。2013 年には 40 ～ 26 円/kWh の固定価格買取制度もでき，開発が促進されるこ

とが期待されています。

環境影響としては，発電自体はCO_2を排出しませんが，噴出する火山性ガスにCO_2が大量に含まれる場合があること，熱水の取り出しにより微小な地震が発生することがあること，近くの温泉が枯れる可能性があることなどが指摘されています。

地熱発電の現状としては，2010年時点で，日本全国で530 MWとなっており，全電力の0.2％と小さい状況です。これには，地熱発電の開発適地が，国立・国定公園内で開発が制限されている土地にあること，温泉が枯れる可能性があることから温泉地の観光事業者からの強い反対があることがありますが，国の施策として振興策が具体化したことから，種々の課題が解消しつつあります。

地熱発電の技術は日本が進んでおり，地熱発電プラントでは，富士電機，東芝，三菱重工の3社で世界シェア70％を占めており，最近ではインドネシアなどの地熱発電所の建設に貢献しています。こうした，日本の高い技術力を使えば，日本のエネルギー資源確保の有力な手段となることは間違いのないところでしょう。

コラム21　マグマの熱エネルギーの利用

地球の中の無限の熱エネルギー資源を活用する地熱発電は，エネルギー資源の乏しい日本にとっては，理想的なものです。しばしば噴火に悩まされる日本ですが，上がってくるマグマに水を注入して冷やして噴火を防ぐと同時に，そのエネルギーを使って発電ができれば，一石二鳥ですね。膨大なエネルギーが地球内部にあるため，それを取り出しやすい地域にある日本が，エネルギー輸出国になることも夢ではないかもしれません。

5.5　バイオマス発電

バイオマス，すなわち生物を使った発電をバイオマス発電と言います。生物はCO_2を吸収して大きくなるので，これを燃やしてCO_2を出しても，その排

出量としてはプラスマイナスゼロということで，地球温暖化には悪影響を及ぼさないと考えられていて，環境に優しい再生可能エネルギーの1つとして位置づけられています。

規模はそう大きくないものの林業活性化にもつながることで注目されているのが木材チップを燃料としたバイオマス発電です。間伐材（森林を育てるために間引いた木）を小さく切ったチップにして，それを燃料にとしてボイラーで水蒸気を作り，蒸気タービンを回して配電します。日本の山村の各地で建設が始まっており，エネルギーの地産地消が進んでいます。木材チップだけでなく，各種の野菜くずなども燃料として使えますが，全体としてその量が安定的に確保される必要があります。場合によっては，とうもろこしの場合のように食料としての利用との競合も生むので，慎重な配慮，計画が必要となります。

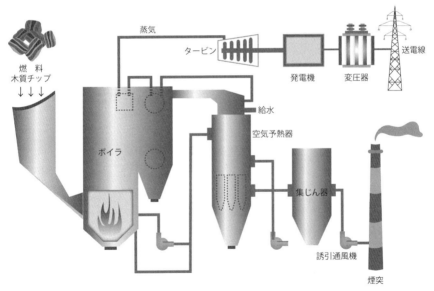

図5-14　木材チップを使ったバイオマス発電の構成例。森林を守るためにでた間伐材を使って発電ができるので，まさに一石二鳥のエネルギー利用といえます。

5.6 ゴミ発電（廃棄物発電）

　可燃ゴミは，回収後，ゴミ焼却場で焼却されるのが普通です。この時に発生する熱で，蒸気を作り，蒸気タービン・発電機によって発電するのがゴミ発電で，廃棄物発電とも呼ばれています。さらに余熱で地域冷暖房，温水供給に用い，温水プールなどに活用しているところもあります。

　ゴミの中には生物由来の生ゴミや紙があり，その意味では一種のバイオマス発電ともいえますが，プラスチック類なども含まれており，こちらはもともと石油から作られたものなので再生可能エネルギーとはいえません。しかし，この廃プラスチックは油と同等の高いカロリーの熱源として利用でき，ゴミ焼却のための油などの燃料の消費を抑えることができます。したがって，ゴミ発電を行う一部の自治体では，ゴミの分別収集をやめたところもあります。

　ゴミ発電は，ゴミ処理問題とエネルギー問題を同時に解決できる優れた方法で，各コミュニティにおけるエネルギーの地産地消にもなります。

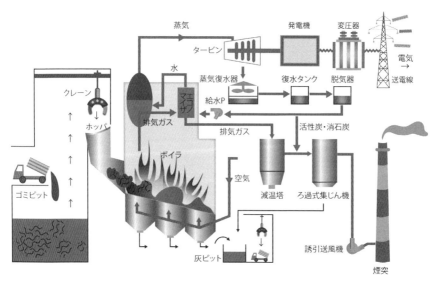

図5-15　ゴミ発電システムの構成図。家庭から出たゴミを使って発電ができるので，まさにゴミも資源です（参考：横河電機ホームページ）。

第 5 章　エネルギーの利用（電気）　　87

　ただし，低温でプラスチック類を燃やすと発生する猛毒のダイオキシンが発生するので，常に高温で焼却するように管理することが必要となります。

　日本をはじめとして，リサイクルを主要政策として進めてきたところでは，ゴミを分類して集め，プラスチック類の素材に再生させて利用するという循環を構築しようという施策がとられていました。しかし，ゴミ発電に使うゴミの中にプラスチック類や紙などがないと，焼却のための余分な油やガスが必要となります。油を原料にしてプラスチック類にして，燃料以外の用途に使用した後で燃料として使う方がよいか，そのまま油を燃料として使用する方がよいかについては，トータルのエネルギー収支で考えなければなりませんが，まだ結論は出ていない状況です。

　また，ゴミ発電には規模の問題もあります。小規模の場合には，燃料としてのゴミが連続的な発電に必要なだけ集まらない，ダイオキシンなどの有害物質の発生の制御が難しい，発電効率が低いなどの問題があり，小さな地域コミュニティを超えた広域的な連携が必要となります。この場合には，どこに焼却場をつくるのか，焼却場までのゴミ輸送をどうするかなどの問題も起こってきます。

　しかし，ゴミは日本にとって重要なエネルギー資源であるという視点が，たいへん重要な時代になってきたといえます。

5.7　太陽光発電

　太陽光のエネルギーを電気エネルギーに直接変換するシステムで，太陽電池と呼ばれています。太陽電池は，半導体を利用して，太陽からの光エネルギーを，直接，電力に変換しており，電気をためる能力はないので，インバーターで電圧，周波数を調整した後，直接使用するか，または蓄電池（バッテリー）に充電してから必要に応じて使用します。

太陽電池の種類としては，

　・シリコン系
　・InGaAs 系（インジウムガリウムヒ素系）：シャープが開発。2009 年時点

で熱効率 35.8%。
・CIS 系

などがあります。

　太陽電池は，最初は，電卓や腕時計などの小規模電力用に利用されましたが，その後，発電能力の向上に伴い，住宅の屋根などに設置されるようになり，家庭内での電力消費だけでなく，余剰電力は電力会社に販売することも行われました。

　近年では，太陽電池を広い敷地に敷き詰めて，大規模な発電を行い，電気の販売を目的とする大規模施設が増加しています。

図 5-16　建物の屋上に設置された太陽電池（ソーラーパネル）。太陽電池の製造価格は急激に安くなっており，電気をためる蓄電池の価格も大きく下がると，経済的にも安定電源として活用できる可能性もあります。

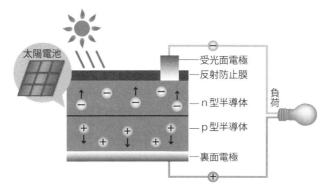

図5-17 太陽電池の発電メカニズムを示す図。2つの半導体で，太陽エネルギーを使って電子を動かして電気を発生させます。

　現段階での太陽光発電の最大の難点は，導入時の初期コストが大変高価であることで，太陽光発電の設備を設置する場合，1kWで60万〜80万円程度といわれています。たとえば，家庭用で一般的な3kWの設備の場合で約200万円の費用がかかるといわれています。このため，太陽電池普及の施策として，国が設置に補助を出すことも大々的に行われましたが，火力発電や原子力発電に比べると発電コストが高く，電力会社に買い取り制度を設けた結果，電気料金の上昇を招いており，導入促進にブレーキがかかっています。

　2011年の太陽電池の生産量は，1位が中国（42％），2位が台湾（17％），3位が北米（13％），日本（8％）は第4位です。メーカー別でみると，シャープが生産量7位ですが，2006年の時点では，1位シャープ，3位京セラ，5位三洋（現パナソニック），6位三菱と，日本の会社が上位を占めていました。すなわち，近年，日本での太陽電池生産は落ち込み，中国や台湾に製造拠点が移っていることがわかります。

図 5-18　家庭用の太陽電池システムの価格は，1990 年代に急速に下落し，2014 年時点で 3kW のものが約 120 万円となっています。

> ### コラム22　船舶での太陽電池の活用
>
> 　大きな船舶では，広大なデッキがあり，ここに太陽電池を張れば大きな省エネになるのでは？と誰もが考えますね。著者の研究室でも，今治造船との共同研究の中で船舶における太陽エネルギーの利用について試算をしました。しかし，水面上の体積の大きい自動車運搬船（PCC）に太陽電池を張り詰めて太陽エネルギーを利用しても，船を動かすのに必要なほんの数パーセントのエネルギーが得られるだけとの結論になりました。意外に，太陽電池のエネルギー吸収能力が低いのに驚きました。推進に大きな出力が必要な船舶には不向きなようですが，船内の照明などには活用ができそうです。

　太陽熱エネルギー（Solar Thermal Energy）は，直接，熱エネルギーを利用する場合と，発電して電気として利用する場合があります。

　たくさんの鏡を使って熱を 1 点に集めて，熱せられた空気や蒸気を用いてタービンを回して発電するシステムが実用化されています。直射日光の多い広

い土地を必要としますが,蓄熱できるため,太陽電池と違って連続運転が可能という特徴を有しています。太陽電池による発電よりも導入費用が安いことも大きな特徴です。燃料を用いないため燃料費がかからない他,二酸化炭素の排出もありません。種々の形態のシステムが提案されていて,国際的に大きな競争になっています。

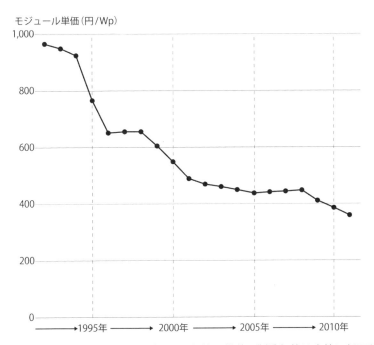

図5-19 日本における太陽電池モジュール価格の推移。製造価格は次第に低下して,電力あたりのコストが減少してきています。今後,火力や原子力発電と対等のコストにまで低下できるかが,普及のキーとなっています。(データ:IAE-PPVC Trend of photovoltaic Application, 2001-2010)

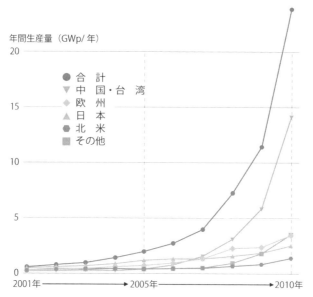

図5-20　世界の太陽電池の年間生産量は急激に増加しています。その急増の原因は，中国・台湾での生産拡大にあることが，この図からわかります。

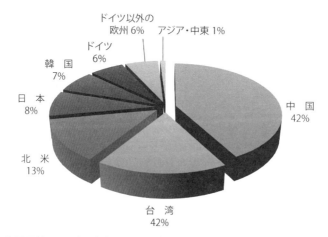

図5-21　太陽電池の国別の生産量。世界的には製造は急速に増加し，なかでも中国，台湾での生産量が急増しています。大規模な製造によって価格も低下傾向にあります。

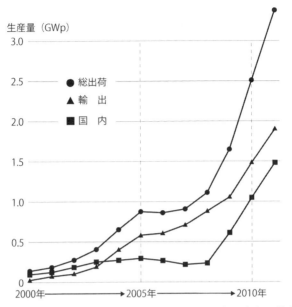

図 5-22　日本の生産する太陽電池の販売先の推移。国の太陽光発電推進のための補助金などの効果で，2008 年から国内向けの生産量は増えています。

5.8　風力発電

　地球上の気圧の差によって生ずる空気の流れ，すなわち風を利用した発電が風力発電です。風のもつエネルギーは運動エネルギーなので，$1/2\rho\nabla u^2$（ρ：空気の密度，∇：空気の体積，u：風速）となり，ある面積 A の面を通過する風の単位時間あたりの体積∇は Au となるので，$1/2\rho Au^3$ となります。すなわち，風のエネルギーは風速の 3 乗に比例することとなります。

　風力発電（ウインドタービン）では，風から羽根を使って回転力を生んで，それで発電機を回して電気を起こします。比較的小型のものから，非常に大型の装置まであり，その大型の風力発電装置を多数設置した大規模風力発電所はウインドファームとも呼ばれています。多くが陸上に設置されていますが，適地が限られることや，周辺に及ぼす風切音，低周波数音や振動問題などで陸上への設置は難しくなりつつあり，風が強くかつ安定している洋上に風力発電装

置を設置する場合も増えています。風力発電の規模は，2014年現在で336GW，電力需要の約4%を占めています。

　風力発電機は，以下の構成要素から成っています。
・支持構造部（タワー。首ふり制御システム：風車を風に向かせる機能）
　・ローター部（風車，ローター軸，ハブ）
・発電機部（発電機，増速機，制御機器）
　・風車（自由に回転できる軸のまわりに複数の羽根を取り付けたもので，羽根に風があたると働く揚力で回転する）

　この風車の回転を増速機で適当な回転数に変換して，発電機を回して電気を起こします。建設コストの内訳としては，おおよそ支持構造部約15%，ローター部約20%，発電機部約34%となっています。

　設置するための適地としては，年間をとおして風が強く，平均風速が毎秒5m以上あること，台風などの暴風が少ないこと，回転する羽根による風切音，騒音，低周波振動などの問題のため人家から十分離れていることなどが必要です。したがって，陸上では，山の中などになりますが，設置やメンテナンスのための道路整備が必要でコスト増の原因となり，また雷などの自然災害も後を絶ちません。

　風力発電の発電量は風車の半径の2乗に比例しますので，大型なほど効率が良く，また地面の近くの地上15m程度までは，境界層という風速の遅い領域があるため，高いタワーに大直径の風車を取り付けた大型・高出力の風力発電装置が開発されてきています。最大規模のものは5MWの出力があり，さらにイギリスのリバプール沖には，平均風速が9m/sと風が強く，1基8MWの風力発電機を32基建設予定で，総発電能力256MWにも達します。このウインドファームで，約18万世帯相当の電力が供給可能といいます。

　これまでのウインドファームの建設についてみてみると，1980年に世界初のウインドファームが米ニューハンプシャー州クロチド・マウンテンに設置され，30kWの風力発電が20基配置されました。また，2014年には，現在のところ世界最大の米アルタ・ウインドエナジーセンターが完成し，総出力は

1,300 MW です。また，計画中のものとしては，世界最大規模の中国の甘粛省 (Gansu) のウインドファームがあり，総出力は 20 GW とのことです。

　風力発電の長所としては，エネルギー資源の購入が不要，比較的小規模で設置が可能な点がありますが，得られる電力が不安定なことの他，特に日本においては設置適地の不足，台風・雷などの荒天被害対策が難しい，自然破壊，設置やメンテナンス面で支障となる狭小な道路などの問題点が指摘されています。また，日本では国として，自然エネルギーでは太陽光発電を重視してきたこと，原子力発電の役割も重視していること，送電網への接続問題（発電と送電の分離）などが風力発電普及にとっては障害となっているといわれています。

　一方，促進策として風力発電による電気の買い取り制度がありますが，高い買取価格を設定したことから電力会社の負担増となり，その結果，電力料金の値上げとなって消費者からの不満も出てきています。また，国がエネルギー対策特別会計から補助金を出して開発を促進してきましたが，2010 年の時点で 6 割が赤字という状態で，必ずしも風力発電がうまくいっているとはいえない状況です。

　このように日本では風力発電は必ずしも成功していませんが，将来予測についてみてみましょう。図 5-23 は，世界の風力発電の毎年の設置状態と，累積発電能力の経年変化を示しています。2008 年までは設置が年々増加していましたが，2010 年代になるとやや成長が鈍化しています。ただ，風力発電の累積発電能力については順調に増加する傾向を示しています。

　地域別にみると（図 5-24），アジアで急成長をしており，その中でも中国での急拡大が顕著です。一方，欧州はコンスタントに成長しており，アメリカはやや減速気味です。

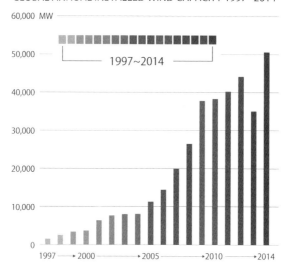

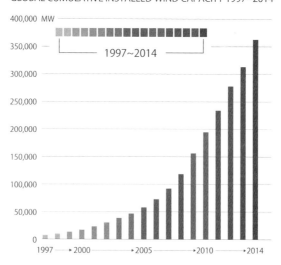

図 5-23 世界の風力発電の設置状況で，上が各年の設置数，下が累積数。各年の設置数は，景気や原油価格などの影響で変動していますが，累積数は増加していることがわかります。

第 5 章 エネルギーの利用（電気） 97

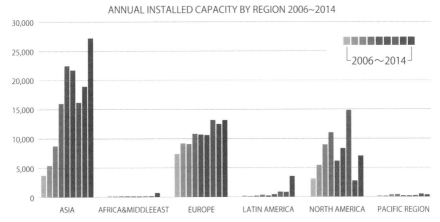

図 5-24 地域別の風力発電機の設置実績（各年）。アメリカでの設置が減少し，欧州では設置増加率が鈍化していますが，アジアで急増しています。

図 5-25 秋田港の沿岸に設置されている風力発電装置

　陸上での風力発電が設置場所としての適所が限られているため，洋上風力発電が注目を集めています。これはオフショア風力発電と呼ばれ，沿岸，湖，フィヨルド，港湾内などの水面域に建設されており，障害物のない洋上の強い風を利用することができ，かつ陸上では確保が難しい広い敷地が確保できることから，特に浅い水域の多い欧州で広く普及しています。特にデンマークやイギリスでは大規模な洋上ウインドファームが実現しています。

日本の場合には，浅い水域で適所がなく，深い水域での浮体式洋上発電が開発されており，福島沖の他，いくつかの場所で試験的な試作機が稼働しています。

　洋上風力発電の問題点としては，海という厳しい環境下での稼働に適した頑丈な施設の建設のための初期投資が大きいこと，陸上に比べるとメンテナンスが高コストになること，洋上変電所・海底送電網の設置が必要なことなどが挙げられます。

　このように可能性は大きいものの，今後，低価格で推移するとみられている天然ガスや原油と競争できるレベルのコストにまで低減ができない限り，経済的にはなかなか成り立たないとみられています。

【洋上風力発電施設の建設イメージ】

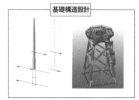
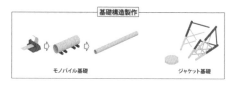
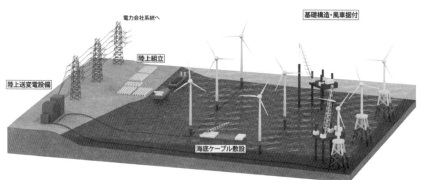

図5-26　沿岸の浅い水域に建設される着底式の風力発電システムの建設イメージ図
　　　　（出典：新日鉄住金エンジニアリング（株）ニュースリリース：2012年11月15日（https://www.eng.nssmc.com/news/detail/165））

第 5 章　エネルギーの利用（電気）　　99

図 5-27　九州大学の研究チームが開発した「レンズ風車」を採用した洋上浮体型の風力発電の実証実験装置。レンズ風車は九大発のベンチャー企業が独自に研究を進めており，通常の風車の 2 倍以上の発電能力を持つといわれています。（出典：九州大学応用力学研究所ホームページ）

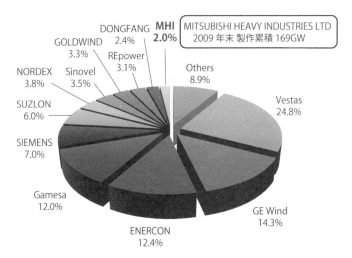

図 5-28　風力発電装置のメーカーのシェア分布。2009 年の統計ですが，日本のメーカーでは三菱重工が 2％となっており，海外メーカーがほとんどのシェアを占めています。

風力発電装置の製造メーカーとしては，表 5-4 のような会社があり，2009 年でのシェアでは図 5-28 のようになっています。

表 5-4　風力発電装置の製造メーカー

Vestas	デンマーク	110 年の歴史を有する風車メーカー
GE Wind	アメリカ	GE Wind Energy は GE の子会社 GE Energy の一部門
ENERCON	ドイツ	19 世紀半よりの風車メーカー。スウェーデン，ブラジル，インド，トルコ，ポルトガルに工場
Gamesa	スペイン	
SIEMENS	ドイツ	
SUZLON	インド	
NORDEX	ドイツ（ハンブルグ）	1985 年デンマークに設立
Sinovel	中国	
GOLDWIND	中国	1998 年設立。新疆ウルムチ
REpower	中国	
DONGFANG	インド・ドイツ	2001 年設立。インド SUZLON に買収された
MITSUBISHI	日本	三菱重工

5.9　海洋発電

　地球表面の約 70％は海で，そこには大量のエネルギーがあります。海の表面に起こる波，月の引力の関係で周期的に起こる海面の上下動である潮汐，潮汐が引き起こす潮流，地球規模の海流などです。

　こうした海洋が持つ再生可能な運動エネルギーを利用した発電方式を，総称して海洋発電と呼びます。また，運動エネルギーだけでなく，温度差や塩分濃度の差を利用した発電も考えられています。

　2010 年に，新エネルギー・産業技術総合開発機構（NEDO）が試算した結果によると，日本で海洋エネルギーを最大限利用した場合の発電量は，潮流と海流で原発 3 基分，波力では現在技術で原発 3 基分，将来技術で 14 基分が可能，海洋温度差発電は現在技術で 8 基分，将来技術で 25 基分が可能という試算もあります。

5.9.1 潮力発電

　地球の自転や月の公転に伴って海水には潮汐力が働き，1日約2回の周期で，水位が変動します。正確には，潮汐の周期は12時間25分で，毎日，満潮，干潮の時刻は50分ずつ遅れていきます。

　この潮汐に基づく位置エネルギーもしくは運動エネルギーを使う発電を潮力発電といい，自然エネルギーを資源として利用するため，発電の際に二酸化炭素の排出がありません。潮力発電は，潮汐発電と潮流発電の2つがあります。

　潮汐発電では，潮汐による水位変動（位置エネルギー）を利用しており，満潮時には堰を開放して，湾内に海水を導入してため，干潮時に堰を閉鎖して海水をタービンに導入して発電機を回します。水位変動による位置エネルギーを活用しており，発電手法は低落差の水力発電の原理と同じです。

　大規模潮汐発電所の事例としては，フランスのランス潮力発電所があり，1966年11月26日に完成した世界で最初の潮力発電所です。フランスのサン・マロ郊外のランス川河口を幅750mにわたってダムで堰止め，334mの区間に24基のタービンが設置されました。最大定格出力は24万kWで，最大潮位差が13.5m，平均潮位差8.5mあります。なお，建設により湾内の海水の交換頻度が減少し，生態系のバランスが崩れ，イカナゴやカレイは姿を消したといわれています。

　また，最近の建設事例としては，韓国が2017年完成を目指している世界最大の潮汐発電所であるインチョン湾潮力発電所があります。年間24億1,000万kWの発電量で，ランス潮力発電所の数倍の規模を誇ります。タービンは，直径8.3mのものが44基設置され，インチョン市の家庭の電力需要の約60％を賄えるといいます。

　日本では干満の差の大きいところであっても，大規模な潮汐発電所の設置に適した箇所が無いことから建設されていません。

　一方潮流発電は，潮汐によって海に発生する潮流（潮汐流）の運動エネルギーを使ってタービンを回して発電しますが，まだ構想段階で，実用化された事例はありません。実験段階で，強い潮流で破壊されたり，流されたりしてお

り，さらに貝などの付着の除去や機材の塩害対策などに維持管理費がかかることや，大規模な沿岸における施設建設が必要なこと，漁業権や航路などさまざまな制約があることから実用化するまでにはまだ相当時間を要しそうです。日本国内では，鳴門海峡，明石海峡，関門海峡など潮流の激しい海峡で，水平型水車で発電する研究開発が進められています。また，北九州市と九州工業大学は，関門海峡で2011年度から実証実験を開始しています。

さらに津軽海峡の大間崎，和歌山県の串本沖などでは海流を利用した発電も検討されています。海流の場合には，方向が一定のため，潮汐流のように流れの反転を考える必要はないので，装置がシンプルにできます。

この潮力発電についても，火力発電のような燃料費はかからないものの，巨大な建設費と高額なメンテナンスコストがかかり，その費用が大幅に低減できない限り実用化は難しいとみられています。

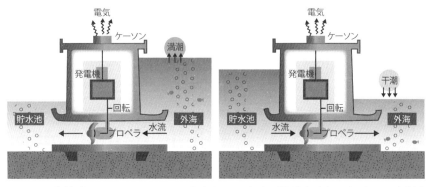

図5-29　潮汐発電のシステムの原理を表しています。潮が高くなった時には貯水池に流れ込む海水でプロペラを回し，潮が引いた時には貯水池にたまった海水を外海に流してプロペラを回して発電します。

5.9.2　波浪発電

波は大きくなると巨大なエネルギーをもつことは，台風の時の波や，津波などから容易に類推できます。この波のエネルギーは，波高（波の谷から山までの高さ）の2乗に比例しますので，波高が2倍になるとエネルギーは4倍にな

ります。また，波の進行とともに，エネルギーも運ばれるという特性もあります。

波には，次のような種類があります。
・風によって発生する「風波」　：周期3～10秒（不規則）
・風波から抜け出た「うねり」：周期9～13秒（規則的，土用波）
・地震などで発生する「つなみ」：周期数分（ジェット機並みの速さで進む）

このような波のエネルギーを使って発電する装置としては，海岸や港の防波堤に設置する沿岸固定式と沖合に浮かべるタイプの浮体式があります。

また，発電方式としてはエアタービン式，浮体運動式などがあります。エアタービン式では，波による海面の上下動によって部屋にためた空気を圧縮して，速い空気流でタービンを回します。水力発電と原理的には同じですが，波の場合には周期的な運動のため，空気流の方向が周期的に変わりますので，逆の流れに対しても一定の方向に回転するウェルズタービンという特殊なものが使われています。

古くから波力発電が実用化されているものとしては，港の航路ブイがあります。それまではバッテリーの電気で光を放っていましたが，頻繁にバッテリーを交換する必要がありました。そこで，波による発電をしてバッテリーに蓄えておいて，夜間に光を放つシステムが考案されました。この場合には，自然の波だけでなく，航行する船舶の波を利用して発電して蓄電して，夜間に灯をともします。

図5-30　港の航路を示す航路ブイは，自然の波や近くを通過する船の波によって発電し，夜間に灯火を灯しています。

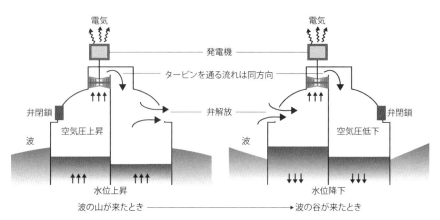

図 5-31 波浪発電では，波の周期で上下する水面で空気を圧縮して流れを作ってタービンを回します。波は，数秒から数十秒の周期で上下しますので，空気の通る弁を上下動に合わせて開閉することによって一定方向の空気流をつくり，タービンを回します。

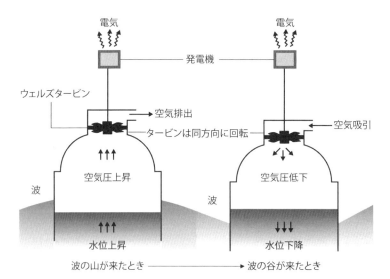

図 5-32 もう1つの波力発電装置での発電方法の説明図。波の上下動に伴ってタービンを通る流れの方向が変わりますが，一定方向に回転するウェルズタービンという特殊なタービンを使って発電機を回転させて電気を起こします。

1970年代のオイルショックの後に，各種の大規模な波力発電装置が研究開発されましたが，いずれも実用化には至っていません。日本での研究開発では，実際の海での実験用に，「海明」と「マイティホエール」が建造され，それぞれ発電を行いましたが，その性能把握をした後，撤去されています。

いずれも，建設費とメンテナンス費が経済的でないことが原因です。

図5-33　日本で試験用に建造された波力発電の実験施設「マイティホエール」。鯨の形をしており，波に頭を向けるように設置して発電します。（出典：海洋科学技術センターのパンフレット）

図5-34　NEDOの研究開発プロジェクトの一環として川崎重工が開発する海底にプロペラを並べて発電する海流発電装置の構想図（出典：川崎重工 資料）。

5.9.3 海洋温度差発電

海洋温度差発電は OTEC（Ocean Thermal Energy Conversion）と呼ばれています。海洋表層の温かい海水と，深海の冷たい水の温度差を利用して発電を行います。深い海の約 5°C の海水と，表層近くの温かい海水との温度差を利用して，熱交換器によってアンモニアなどの沸点の低い液体を循環させて，その流れで発電タービンを回して電気をつくります。

当初は，アメリカのハワイで技術開発が進み，実験プラントも造られていますが，発電だけでは経済的に成り立たず，冷たい海水を利用した魚の養殖や食物のハウス栽培などが試みられました。その後，日本でも研究開発が行われています。佐賀大学海洋エネルギー研究センターでは，効率を向上させたウエハラサイクルと呼ばれる方法を開発し，さらに複合利用をして商業生産可能なコストにするために海水淡水化の方法の 1 つであるフラッシュ蒸発式淡水化装置

図 5-35 ハワイのコナコーストにある陸上型 OTEC 施設の全景。深い海底からくみ上げた冷たい海水と，表面近くの温かい海水との温度差で発電をします。つくられた電気だけでは経済的に合わずに，冷たい海水を使った魚の養殖や寒冷地作物のハウス栽培などの複合的な利用が試みられました。（出典：アメリカ合衆国 エネルギー省 資料）

を用いて海水から真水を生成する研究も行っています。また，冷たい深層水を利用した商品開発を行い，総合的に経済性を確保する試みも各地で行われています。

沖縄の久米島には，2013年に50kWの海洋温度差発電の実証実験プラントが稼働しており，約20°Cの温度差を利用して発電をしています。将来的には1MWを超える大規模な発電施設の建設を計画しているといいます。

図5-36　佐賀大学で開発されたウエハラサイクルを使った30kWの海洋温度差発電のプラント（3階の主要部分）。発電だけでなく，海水からの増水機能を加えた複合利用も試みられています（出典：佐賀大学 海洋エネルギー研究センター 資料）。

第6章 ふさわしい電力構成
―エネルギーミックス

　国全体として，どのような発電方法をどのくらいの比率で行うべきかは，なかなか難しい問題です。石油を燃料とする火力発電に大きく頼ると，万一，中東で戦争が起きてホルムズ海峡をタンカーが通れなくなると石油の供給が止まって発電ができなくなったり，石油不足から原油価格が高騰して電気価格が急上昇したりするといった事態も考えられます。また，地球温暖化の1つの原因といわれている CO_2 の排出量を減らすためには，発電時に CO_2 を出さない原子力や自然エネルギーを使うのがよいのですが，原子力は万一の事故と使用済み核燃料の処理の問題があり，自然エネルギーの多くには，出力の安定性に欠け，かつ発電コストが高いという欠点があります。

　2011年3月の東日本大震災の津波によって東京電力の福島第一原子力発電所が炉心メルトダウンという大事故を起こし，全国のすべての原子力発電所が約3年間にわたって運転停止となりました。国は原子力発電所の安全性規制の強化を行い，2015年から安全性が確認された原子力発電所から順次再稼働を始めました。原子力発電所の安全性に対する国民的な不安感情を配慮して，国も原子力発電の比率をある程度までに抑えざるを得なくなり，日本としての発電のあり方についての検討をして，2030年における国としての電源構成の目標を「エネルギーミックス」という形で2015年に決定しました。その構成は次のようになっています。

原子力発電	21～22%前後
石炭火力発電	30%弱
LNG 火力発電	25%前後
石油火力発電	5%未満
再生可能エネルギー	23～25%（内訳：水力・地熱・バイオマス…10%，太陽光・風力…15%未満）

　原子力発電の比率は，震災前の約 29％から大きく減らし，再生可能エネルギーを若干下回る程度の数字としました。これは，原子力発電をこれ以上増やすと，原子力発電所の新設が必要となりますが，これには国民の理解が得られる状況ではないとの判断の結果です。

コラム㉓　意思決定を分析する AHP 法

　ベストミックスの比率を，あなたならどう決めますか。原子力は嫌いだから 0 などと短絡的に決める人もいますが，もうちょっと慎重でありたいですよね。たとえば，原子力，火力，自然エネルギーの 3 つの発電のベストミックスを決めるのもたいへんです。原子力は安定していてコストも低いですが，事故の時の対応がたいへん。火力は安定していてコストも低いですが，CO_2 を大量に出します。自然エネルギーの多くは不安定でコストも高いですが，環境にはよさそう。迷いますよね。そうした時に役に立つのが AHP です。正式には Analytic Hierarchy Process といい，日本語では階層分析法と呼ぶこともあります。いろいろな主観的な評価や感覚的な評価を定量的にするのに有効です。これを，このベストミックスを決める問題に使ってみましょう。

一対比較　人間はたくさんの要素の重要性を一度に評価するのは苦手です。そこで，それぞれの要素をひとつずつ比べてみることにします。これが一対比較です。ここでの要素は，原子力と火力と自然エネルギーの 3 つです。原子力と火力，原子力と自然エネルギー，火力と自然エネルギーとの比較となり，どちらがどのくらい大事と思うかを比較します。次のような表でやると，比較的簡単です。それぞれの比較のところに，感覚的に○を付けます。次の例では，著者の感覚での○が入っています。真ん中の 1 が，2 つの比較でどちらも同じくらいという評価です。

第6章 ふさわしい電力構成―エネルギーミックス

	9	7	5	3	1	1/3	1/5	1/7	1/9	
原子力						○				火力
原子力				○						自然エネルギー
火力			○							自然エネルギー

　下のマトリックス表の(1)の項に，上の表の中の，火力との一対比較のマークした1/3，自然エネルギーとの一対比較の3，そして(2)の火力の項の自然エネルギーとの一対比較の5を記入します。これで，1が並ぶ斜めの網掛けのコラム（欄）より上の全てのコラムが埋まりましたね。下の3つのコラムには，上の対称のコラムの逆数を順次入れていきます。

　次に，(1)，(2)，(3)の数字を掛け算し，それの3乗根をとると幾何平均になります。考える要素が4つであれば4乗根，5つであれば5乗根となります。これは関数電卓かコンピュータにやらせましょう。幾何平均を縦に足し合わせて平均値をとり，その値で各幾何平均を割ると，(1)～(3)の各項目のウェイトが求まり，これが一対比較をした当人の各要素に対する重要度を示しています。

	原子力	火力	自然エネルギー	幾何平均	ウェイト
(1) 原子力	1	1/3	3	$(1 \times 1/3 \times 3)^{1/3} = 1.18$	0.29
(2) 火力	3	1	5	$(3 \times 1 \times 5)^{1/3} = 2.46$	0.60
(3) 自然エネルギー	1/3	1/5	1	$(1/3 \times 1/5 \times 1)^{1/3} = 0.45$	0.11

平均値 4.09

→ 幾何平均 ÷ 平均値 ＝ウェイト

　著者の結果は，上の表のウェイトのところに示されているように，原子力が29％，火力が60％，自然エネルギーが11％の割合が良いと考えていることになります。

第7章 発電と送電システム

　日本では発電と送電は，各地の電力会社の独占事業となっていました。電気は，重要な社会インフラストラクチャーであり，常に安定的な供給が求められ，公共性が高いと考えられたためです。また，大規模にすれば発電コストが安くなることも独占としていた理由の1つです。全国に10電力会社があり，すべての需要者に電力を供給してきました。この地域の電力会社に加えて，全国規模で発電や送電を行う会社が2つあります。1つが電源開発株式会社で，もともとは国営で，経営規模の小さい各電力会社では建設が難しかった大規模ダムの建設や広域に電力を提供する火力発電所，電力会社間の連系送電線網，東西の交流の周波数の違いを変換する変電所などをもっています。2004年に民営化され，各電力会社に電力を販売し，火力発電の他，水力，風力，地熱，バイオマス発電も行っています。現在では，Jパワーという愛称も使っており，発電出力では国内でNo.1の事業者となっています。

　この電源開発株式会社と同様に，各地の電力会社に電力を卸している会社に日本原子力発電株式会社があります。この会社は，原子力発電の振興を図る目的で，各電力会社と電源開発が出資をして設立されました。茨城県の東海村の東海原子力発電所と，福井県の敦賀市の敦賀原子力発電所を建設して，発電した電力を電力会社に販売しています。

　2009年時点での各社の発電構成比は表7-1のとおりです。

表 7-1　各電力会社の発電構成比

会社名	水力発電	火力発電	原子力発電	地熱発電
北海道電力	12.0	48.0	39.6	0.4
東北電力	10.3	60.6	27.7	1.4
東京電力	4.0	63.9	32.1	0.0
北陸電力	17.8	51.3	30.9	-
中部電力	7.5	80.2	12.3	-
関西電力	11.4	35.0	53.6	-
中国電力	6.5	72.6	20.9	-
四国電力	6.6	40.0	53.4	-
九州電力	4.2	43.8	50.1	1.9
電源開発	16.7	83.1	-	0.2

　ここには，火力発電だけの沖縄電力と，原子力発電だけの日本原子力発電は載せていません。この表から，火力発電の比率が高い会社が多いですが，関西電力，四国電力，九州電力では原子力発電の割合が50％以上であることがわかります。福島原子力発電所での事故の影響で，原子力発電の役割が見直されており，今後，どのようになるかに注目が集まっています。

　第2次大戦後の経済復興を受け，社会経済の拡大から電力需要は非常に大きくなり，1つの電力会社がいくつもの発電所をもって需要を満たすための電力供給をするようになりました。このため，次第に必ずしも独占企業である必要がなくなりました。すなわち，1つの発電所をもつ企業での商売も成り立つようになったのです。また日本のみならず，世界的にも電力事業の独占による弊害も出てきました。独占の半公共企業であるため，電力料金は国の許認可制になっていましたが，コストを積み上げてそれに利益を上乗せして決定する方式がとられていたため，企業努力でコストを下げるというインセンティブ（動機づけ）がなかなか働かなくなっていたのです。こうした社会情勢のもと，電力の自由化が各国で行われ，日本においても急速にその流れが速まっています。電力の自由化を具体的に挙げると，

- 発電・小売りの自由化（誰でも発電をして電気を販売できる）
- 送・配電の自由化（誰でも既存の送・配電網を使って電気を送ることができる）
- 発送電の分離（発電部門と送電部門を切り離して，競争環境を整える）
- 電力卸売市場の整備

などがあります。

　電力自由化に伴い，既存の電力会社以外の会社が発電事業に乗り出しており，新電力会社と呼ばれています。2000年には，企業や公共団体などの大口向けの電力小売市場が自由化され，もともと電力需要が大きくコスト削減のために自家発電をしていた企業などが，電力の余剰分を新電力会社に販売し，新電力会社はそれを地方自治体や企業に販売しました。これによって，各団体では電気料金の低減が得られたといいます。さらに2016年4月からは，電力の小売全面自由化が予定されており，ビジネスチャンスは広がるとみて，500社を超えるさまざまな業種の会社が電力小売事業に進出を計画しているといいます。本書の初版がでた頃には，多くの企業による電力の販売が始まっているはずです。

第8章 エネルギー消費の現状
（生活，インフラ，産業，交通）

　エネルギーは，人々の生活，種々の社会基盤（インフラストラクチャー）や産業，そして人間および貨物の輸送に使われています。その使用量は，人口と経済発展に強く関連しており，この2つの伸び率に依存しています。すなわち，人口および経済発展が進む発展途上国においてエネルギーの消費が急速に増加しています。ただし，1人あたりのエネルギー消費量は下の表に示されるようにまだまだ先進国に比べると小さく，いずれは先進国並みのエネルギー消費をするようになると考えられます。

表8-1　世界各地域の電力消費量（1人あたり）

北米	12,161 kWh
豪州	8,985 kWh
日本	7,240 kWh
欧州	5,519 kWh
ロシア	3,820 kWh
中東	3,545 kWh
中国	2,021 kWh
アジア	723 kWh
アフリカ	542 kWh

（データ：『エネルギー白書　2015年版』（経済産業省 編，経済産業調査会，2015）より）

8.1　日本のエネルギー消費の現状

　日本のエネルギー消費は，2013年の時点で，家庭部門が14.4％，企業や事業所が62.5％，運輸部門が23.1％となっています（『エネルギー白書2015年版』（既出）より）。

　このように，企業・事業所のエネルギー消費が62.5％と最も多くなっていますが，そのうちの67.9％は製造業が占めています。これは，日本が加工貿易立国であることを示しているともいえます。オイルショックが起こる前の1973年と2013年を比べると，経済規模は2.6倍，製造業の生産も1.6倍に増えていますが，エネルギー消費は0.9倍と逆に減っています。このことは，日本の製造業では省エネ技術が急速に進んで，エネルギー消費効率を40％近く向上させたことを示しています。また，産業構成が，エネルギー消費の大きい素材産業（鉄鋼，化学，セメント，紙パルプなど）から，比較的少ない加工組立型産業（造船，機械，繊維，食品）などにシフトしたのも，製造業でのエネルギー消費が減少した原因の1つといわれています。

　製造業以外の部分では，最近になってホテルや旅館などの宿泊施設を抜いて，事務所・ビルのエネルギー消費が最も多くなっています。この部分の問題点は，延床面積あたりのエネルギー消費があまり改善されていないことです。建物の断熱化，冷暖房装置の効率向上，照明などの効率化，エネルギー管理の徹底などによる省エネ化の推進が必要とされています。

　また，建物ごとまたは狭い地域ごとに，エネルギーの地産地消（そこでエネルギーをつくり，そこで使うこと）によって，電力会社からの電力供給を減らすことも省エネと同様に効果があります。窓や屋上のスペースを使った太陽光・熱の利用，地中熱を使った空調，寒冷地で冬場に雪や氷を保存して夏の冷房に利用するなどさまざまな工夫が行われていますが，それらの対策をさらに広げていくことが必要となっています。

　全体の14.4％を占めている家庭部門での利用内訳は，動力・照明他が37.8％と最も多く，給湯が27.8％，暖房が23.1％，厨房が8.7％，冷房が2.6％となっています。動力・照明の利用には，家電機器が含まれていますが，生活レベル

第8章　エネルギー消費の現状（生活，インフラ，産業，交通）

コラム24　地中熱の利用

　ビルなどの建物の地下10数メートルに熱交換器を埋め込み，地上と地中の温度差を利用して省エネをするシステムです。一般にヒートポンプと呼ばれており，夏には低い温度の地中の熱を，温度の高い室内に移動させて冷房をします。また，寒い冬には，温かい地中の熱を，寒い室内に入れて暖房します。太陽光や風力のような不安定な自然エネルギーとは異なり，非常に安定した自然エネルギーであり，節電と共にCO_2排出量の削減にも寄与できます。設置のための投資額を回収するのに20年近くかかるといわれていますが，現在は国の補助金制度も整えられています。スイス，アメリカ，中国などに比べると，日本では利用が遅れているといわれています。また，この地中熱が寒冷地では道路の雪を溶かしたり，凍結防止のためにも使われています。

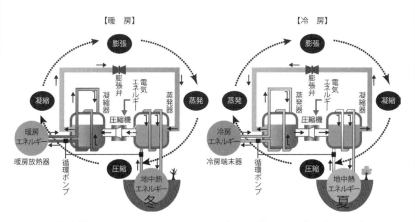

図8-1　地中熱利用システムでは，夏には冷たい地下の温度を使って室温を下げ，冬には暖かい地下の温度で室温を上げて節電をします。（サンポット株式会社のホームページを参考に作図）

の向上に伴う大型冷蔵庫や大型テレビなどの普及が増加の原因として考えられます。この家庭のエネルギー消費では，1973 年の時点で灯油，電気，ガスがそれぞれほぼ 1/3 ずつの割合でしたが，2013 年の時点では電気が半分を超えるようになっています。これはオール電化住宅の普及が原因と考えられていますが，電気には，化石燃料などから電気への変換時のロスや，送配電時などのエネルギー損失が少なくなく，現状では効率が必ずしも良くならないのがオール電化の問題点です。

　都市ガスから水素を生成して燃料電池によって発電すると共に，発生する排熱を利用するコージェネレーション（電気をつくるだけでなく，熱源も使ったエネルギー損失を少なくしたシステム）などの普及（エネファームとして知られています）も，家庭部門でのエネルギー消費を抑えることになるといわれています。ただし，電力会社の発電効率が向上すれば，逆に大規模高効率発電の方がエネルギー効率的には良いという見方もでています。

コラム25　電力 vs. ガス

　電力会社間のバトルだけでなく，電力対ガス会社のバトルも熾烈です。お互いの宣伝では，それぞれの方がエネルギー効率は良いということになっています。たとえば，都市ガスを使った燃料電池によるコージェネであるエネファームのホームページでは，総合効率が 90% 近くを達成するものも開発され，オール電化に比べて絶対有利という資料が並んでいます。また電気では，エコキュート，ガスではエコジョーズという愛称の高効率給湯器が開発されて，それぞれ熱効率の急速な向上を達成しつつあります。エネルギーの賢い使い方が，こうした競争の中から生まれてくることは大いに歓迎ですね。

全体の 21.3％を占めている運輸部門では，乗用車を含む旅客部門と貨物部門に大別され，2013 年の時点でのエネルギー消費は旅客部門が 61.1％，貨物部門が 38.9％となっています。1970 年代までは，両部門がほぼ半々でしたが，これは乗用車の増加に伴う旅客輸送が急激に伸びたためです。

2013 年の時点で，旅客部門のエネルギー消費のうち，乗用車が 86.4％，航空が 6.4％，鉄道が 3.4％，バスが 3.3％，客船が 2.6％となっています。特に，陸上公共交通機関である鉄道とバスのエネルギー消費量が大幅に減少しています。これは，公共交通機関から自家用車の利用にシフトしていることが原因の 1 つであり，特に地方においては公共交通機関の存続さえ危機的な状況になっていることが多いことが指摘されています。

また，同じく 2013 年の時点での貨物部門でのエネルギー消費では，64.4％が大型トラックの軽油，24.6％が配送用小型トラックのガソリン，残りの 8％ほどが船舶用重油と航空機用燃料などとなっています。

交通機関の場合のエネルギー効率については，多くの研究がありますが，あらゆる交通機関のエネルギー効率を比較した結果がまとめられています。図 8-2 は赤木新介教授が作成した各交通機関のエンジン馬力を運べる荷物の重量と速度の積で割った「比出力」と呼ばれる指標で，それぞれの速度で最もその値が低い交通機関がエネルギー効率の最も高い交通機関ということになります（『新 交通機関論 ―社会的要請とテクノロジー』（赤木新介，コロナ社，1995））。この図からわかるたいへん大事なことは，最もエネルギー効率の高い交通機関が，速度によって大きく異なるということです。高速ではジェット機，中速では鉄道・トラック，そして低速では船舶が断然良いことがわかります。特に，大型の船舶（ライナー，バルクキャリア，タンカー）のエネルギー効率は，他の輸送機関に比べてけた違いに良いことがわかりますが，同じ船舶でも小型客船や水中翼船のように高速になると一気にエネルギー効率が悪くなります。こうした特性を考慮して交通機関を選択しないと，エネルギー的にも，環境的にも，経済的にもなりたたないのです。

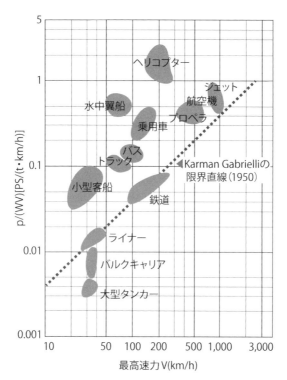

図 8-2 各種交通機関のエネルギー効率（馬力／（重量×最高速度））（＝比出力）と最高速力の関係です（『新 交通機関論 ―社会的要請とテクノロジー』（既出）を参照して作図）。この図の縦軸の値が小さいほどエネルギー効率が良いことを表しています。時速 50 km 以下では大型船舶が，100 〜 300 km では鉄道，それ以上では航空機が良いことがわかります。縦軸が対数になっていて値が急激に大きくなることに注意して図を見てください。

8.2 交通機関のモーダルシフト

　交通機関によってエネルギー効率，すなわち輸送に必要なエネルギー量は大きく異なることを学びました。そこで，できるだけエネルギー効率の良い交通機関に輸送モードをシフトさせていくのがモーダルシフト政策です。基本的には，貨物輸送を，トラック便や航空便から，エネルギー効率の良い鉄道と船舶にできるだけ変えていくことで使用するエネルギーを低減させます。図 8-2 か

第8章 エネルギー消費の現状（生活，インフラ，産業，交通） 123

ら，船舶では，速度が時速 50km までがエネルギー効率の面でメリットのある限度であり，鉄道は時速 100km 程度の速度でエネルギー効率が最も良い交通機関ということがわかります。このことは，遅い輸送速度でもよい貨物はできるだけ船舶に，時速 50 ～ 120km 程度の速力のものは鉄道でできるだけ運ぶようにすると，全体としてのエネルギー効率も燃費経済性も良いこととなります。

　鉄道へのモーダルシフトについては，鉄道のダイヤがすでにかなり過密になっているためその受け皿としての余力があまりないといわれています。一方，船舶についてはその速度の遅さがネックとなっていて，しかも，ドア・ツー・ドアの輸送（発送人の玄関から受取人の玄関まで輸送すること）が難しいことがネックとなっています。このため，トラックやトレーラーをそのまま積み込める RORO 型の船舶がモーダルシフトにあたっては脚光を浴びています。RORO とは，Roll on Roll off の略で，車を自走で船内の車両甲板に積み込み，また積み下ろすタイプの船舶で，旅客カーフェリーや RORO 貨物船があります。トラックのドライバーが車と共に船に同乗する場合と，長距離の場合

図 8-3　エネルギー効率の悪いトラック輸送から，エネルギー効率の良い鉄道や船による輸送に切り替えるのがモーダルシフトです。船では，トラックをそのまま積める RORO 船やカーフェリーがモーダルシフトの担い手で，トラックの 1/5 程度のエネルギーで荷物を運べます。

には無人のトラックを船が輸送する場合もあります。ドライバーの過重労働を防ぎ，またドライバー不足の解消にも寄与できることとなります。

コラム26　モーダルシフトと逆行した高速道路無料化

一時，日本の政府が高速道路の無料化を目指したことがありました。この施策によって高速道路の料金を安くした結果，多くのトラックが高速道路を使って貨物を運ぶようになり，それまでエネルギー効率の良い船舶や鉄道へとモードを変換しようとするモーダルシフトの動きが一気に止まってしまい，多くのフェリー航路が閉鎖を余儀なくされてしまいました。また，トラック運転手は過酷な長時間労働が強いられて，事故が多発しました。ものごとは総合的にみなくてはならないという教訓ですね。

第9章 省エネ技術をみる

9.1 乗用車の省エネ

　第8章で述べたように，交通の中でも乗用車のエネルギー消費はたいへん大きいので，その省エネすなわち燃費を高めることが重要です。国もエコカーには補助金を出して，その省エネを促しています。

　特に乗用車では，比較的エネルギー効率の悪いガソリンエンジンを使っている場合が多いので，電子制御を使って燃料噴射を最適化してエンジン効率を向上させる他，ハイブリッドカーのようにガソリンエンジンと電気システムを組み合わせることによってエネルギー消費を抑える技術も開発されました。ハイブリッドカーについては，減速時にブレーキで熱エネルギーに変えてしまうのではなく，発電機で制動すると同時に蓄電池に充電しておき，加速時などにこのための電気エネルギーを使うなどの方法で，全体のエネルギー消費を削減しています。

　また，日本でも欧州と同じように，効率の良いディーゼルエンジンのもつ振動問題と排気ガス問題を解決して，乗用車もディーゼル化する動きもあります。ディーゼルと電気システムを組み合わせると，省エネ効果が大きく向上します。

　このようなハード面での省エネの技術開発だけでなく，運転というソフト面での省エネも大事になっています。車の運転では，急発進時にエネルギーを大量に使います。したがって，発進時の加速を抑えるように運転すると，おどろくほど燃費が良くなります。

9.2　住宅の省エネ

　家庭の省エネでは，大手の住宅会社を中心に消費電力をできるだけ減らした上で，屋根に載せた 5kW 程度の太陽電池で発電もする住宅を開発して「ゼロエネルギー住宅」と名付けて販売しています。壁や天井には断熱材を入れ，窓も 2 重構造にして熱を通しにくくし，さらに省エネ型の家電にして省エネを図っています。普通の住宅に比べて 400 〜 500 万円高くなりますが，年間の光熱費が約 35 万円から約 7 万円にまで低減でき，さらに余った電力を売って 13 万円ほどの収入になるため，差し引き年間約 40 万円のエネルギー費用が実質的に削減できることとなり，当初の設置費用を 10 年ほどで回収できる（2015 年現在の試算）としています。日本の家庭の電力使用は全体の 14％強ですが，こうした努力も必要となります。

9.3　水素エネルギー社会とは

　水素エネルギー社会の到来への期待論が巷では高まっています。クリーンで，環境にも良いといわれていますが，本当にそうなのでしょうか。

　水素を使った発電である燃料電池では，電気をつくる時に水しか排出しません。クリーンといわれているのは，燃料電池からは排気ガスなどを排出しないことが理由となっています。

　水素は地球上にはたくさん存在します。地球の表面の 70％の占める海の水は酸素と水素からできていますので，まさに無限にある資源といえそうです。しかし，水素は自然の中では単独では存在していません。中学生の時に理科の実験で電気分解をやったように，水に電気エネルギーを投入して酸素と水素に分解はできますが，この分解のためには電気エネルギーが必要となります。この電気エネルギーをつくる時には，発電所で化石燃料を使っているとすれば，CO_2，NO_x，SO_x などを排出することになるので，トータルで考えるとクリーンでも環境に良いとはいえません。ただし，自然エネルギーや原子力で水素製造のために必要なすべての電気をつくれば，クリーンで環境に良いといえます。先に学んだように，風や太陽熱などの自然エネルギーには変動が激しいという

デメリットがありますが，電気をつくって，その電気で水素を作って2次電池としてためておけば，自然エネルギーの安定化には寄与ができます。この時に，いかにトータルとしてのコストを低減して，他のシステムより経済性が良くできるかが水素エネルギー社会到来のキーとなります。

水素エネルギー社会が，本当にクリーンで環境負荷を小さくでき，かつ経済的にも優位性があるかについては，まだ答えが出ていないといえそうです。この壁を破るのは技術革新でしょう。

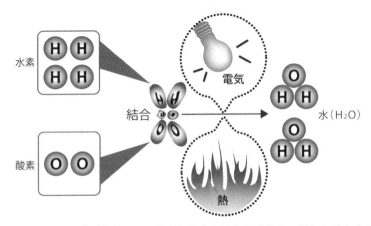

図9-1　水素エネルギー社会とは，水素と酸素を結合させると，電気と熱と水が生成されるという原理を使っています。ただ，水素は自然界には存在しないため，水素を作る時にエネルギーが必要なことに注意が必要です。

図 9-2 トヨタ自動車が開発した燃料電池車 MIRAI。水素を使って,発電した電気で走行します。(出典:トヨタ自動車ホームページ)

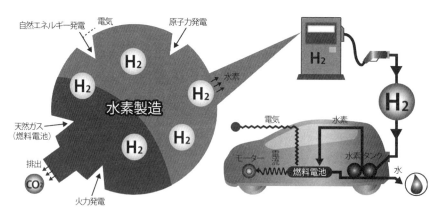

図 9-3 燃料電池車は水素を使って発電をして走る電気自動車で,水素ステーションから水素が供給されます。水素は自然界には存在しないので,水素を含む物質から作る必要があり,その時にエネルギーを使います。

9.4　ヒートアイランド現象の緩和

　東京や大阪などの大都会は，まわりに比べて温度が高いことが知られており，ヒートアイランド現象と呼ばれています。この現象は，100年以上前から指摘されてきました。その原因としては，都会での大きなエネルギー消費に伴う熱放出や，道路やビルが多くて緑が少ないためそこに蓄積された太陽熱が夜間に放出されたり，高いビル群が風を遮ってしまって空気の循環が滞ったりすることが考えられています。

　ヒートアイランド現象は，夏の冷房エネルギー消費を増加させますが，冬の暖房エネルギーを減少させるために，一概にエネルギー消費を増加させるとはいえませんが，それぞれの季節に応じた省エネ対策によってヒートアイランド現象を緩和して省エネすることが大事です。

　緑地を増やすことがヒートアイランド現象緩和に効果がありますが，各建物でも屋上の緑化，夏の日差しを遮蔽する植物による緑のカーテンにすることや，舗装道路の温度上昇を防ぐための緑化や，舗装材料に水分を含みやすい多孔質材料を使用することなども考えられます。海に近い場合には，陸地と海との温度差で朝晩に吹く風の通り道を都市計画時に考慮することなども有効とされています。

第10章 エネルギー利用と環境

　エネルギーを利用しようとすると，何らかの環境負荷がかかることは避けることができません。天然エネルギー資源の開発に伴う環境破壊，化石燃料からエネルギーを取り出す時に発生する CO_2 排出による地球温暖化の加速，同時に発生する NOx（窒素酸化物），SOx（硫黄酸化物），黒煙などの大気汚染物質の排出による地域的な公害などが深刻になっています。

　かつては，イギリスのロンドンや，日本の東京や大阪もスモッグと呼ばれる大気汚染が深刻でしたが，最近では，中国本土において PM2.5（粒子直径が概ね 2.5 マイクロメータの微粒子）の被害が深刻ですし，シンガポールではインドネシアでの山焼きなどによる煙被害，日本でも中国から飛来する PM2.5 や NOx などによる酸性雨の問題なども指摘されています。大気や海水は，国境を越えて拡散するので，国ごとの対策だけでなく，グローバルな対策が重要となります。

　地球温暖化に影響がある CO_2 などの温室効果ガスの排出に関しては，1997 年の京都議定書で先進国における CO_2 排出規制が求められ，2015 年には，国連気候変動枠組条約第 21 回締約国会議（COP21）において新興国も含めた CO_2 など温室効果ガスの排出削減についてのパリ協定が合意されています。この協定では，

① 気温上昇を産業革命前から 2℃ 未満に抑えることを目標とし，1.5℃ 未満にするよう努力すること

② 今世紀後半に，温室効果ガスの排出量と吸収量を均衡させること

③ すべての国が，削減目標の提出と国内対策に取り組むこと
④ 削減目標は 5 年ごとに見直すこと
⑤ 対策の進捗を 2023 年から 5 年ごとに検証すること
⑥ 先進国が資金を拠出すること

を決め，196 カ国・地域のうち，55 カ国，世界の排出量の 55％以上の国が批准すれば，発効することとなります。京都議定書との大きな違いは，先進国だけに義務付けられていた温室効果ガスの排出規制が，すべての国の目標として取り上げられたことでしょう。

コラム㉗　火力発電所からの CO_2 排出

　火力発電所には，石炭，石油，LNG を燃料とする施設がありますが，それぞれ発電時の CO_2 排出量が異なります。これらの排出量を表す排出係数は，石油火力が 0.72，LNG 火力が 0.32 〜 0.42 なのに対し，石炭火力は従来型で 0.86，新型で 0.84，最新鋭型で 0.71 となっています。石炭火力は環境への負荷が大きかったのですが，技術革新が進んで最新型だと石油火力発電と同程度の CO_2 排出量にまで改善されています。さらに，排出される CO_2 を回収して地中に閉じ込める CCS 技術も開発されており，いずれはどの化石燃料を使っても同じ程度の CO_2 排出量となる時代も来るのでは，と考えられています。技術開発こそが，環境負荷低減のキーワードなのです。

コラム㉘　CO_2の回収と貯蓄

　CO_2を回収・貯留する技術をCCSと呼びますが，これはCarbon dioxide Capture and Strage）の略で，CO_2を高い圧力で直接地中に注入したり，化学的または物理的手法で炭素として固定化したりして，地中の油田や深海などに貯留しようというものです。CO_2を大量に発生する火力発電所などにおいてこのCCS技術を用いると，化石燃料利用によるCO_2排出問題が解決されることとなりますが，CO_2の回収・貯留に必要なコストを電気料金に上乗せした時に，他の発電システムの作る電気の価格との競争に勝てるかが勝負となります。2020年には実用化すべく，CCSの研究開発が進められています。

図9-3　経済を支えるさまざまな産業でエネルギーが使われています。できるだけ少ないエネルギーで生産活動をより活性化する知恵が求められています。

エネルギーに関する100問

　第1章〜第10章で紹介したエネルギーに関する演習問題です。この100問すべてがわかればパーフェクトです。ぜひトライしてみてください。本書を教科書としてご利用の場合には，60問以上できれば合格ですが，ぜひ80％以上を狙って勉強をしてください。回答は記載していませんが，各問に関連するページを記載していますので，確認をしてみてください（「自主調査」と記載している問いは，本書だけでなくいろいろな情報を収集して，読者ご自身で調べてみてください）。

Q1　エネルギーとは何ですか。(p.1)

Q2　エネルギー資源とは何ですか。(p.1)

Q3　エネルギー保存の法則とは何ですか。(pp.1〜5)

Q4　質量1トンの車が，時速50kmで走る時の運動エネルギーはいくらですか。(p.4)

Q5　この車を止めるためにブレーキを掛けると，運動エネルギーはどうなりますか。この時，失った運動エネルギーはどうなったのでしょうか。(p.5)

Q6　人間が自然エネルギーを直接使った方法を挙げてください。(pp.11〜13)

Q7　エネルギー資源にはどのようなものがありますか。知っているものを書いてください。(pp.35〜59)

Q8 車や船のエンジンの性能を表す仕事率（kW または馬力）とは何ですか。（pp.8～9）
Q9 産業革命のもととなった蒸気機関は，どのようにしてエネルギーを取り出していますか。（pp.15～17）
Q10 電気を発生させる装置と原理について説明をしてください。（pp.26～32）
Q11 電気は，エネルギー利用のあり方を根本的に変えました。それはなぜでしょうか。（pp.24～25）

Q12 LNG とは何ですか。（p.38）
Q13 化石燃料資源はどのようにしてできたのでしょうか。（p.35）
Q14 1 次エネルギーにはどのようなものがありますか。（pp.35～59）
Q15 石油消費の多い国の上位 5 カ国を挙げてください。（自主調査）
Q16 2010 年まで原油価格が上昇してきたのはなぜですか。（p.43）
Q17 最近の原油価格の低下の原因は何ですか。（p.43）
Q18 日本のシーレーンの確保はなぜ必要なのでしょうか。（p.40）
Q19 石油メジャーとは何ですか。（自主調査）
Q20 天然ガスはどのように輸送されていますか。（p.38）
Q21 シェールガスとは何ですか。（p.36, pp.40～42）
Q22 石炭火力発電所の長所と欠点を挙げてください。（p.35）
Q23 メタンハイドレードとは何ですか。（pp.45～46）
Q24 輸送機関で最も CO_2 排出量の少ないものを挙げてください。（pp.121～124）
Q25 原子力発電に必要な自然資源とは何ですか。（p.44）
Q26 バイオ燃料からエネルギーを取り出す方法を挙げてください。（p.46）

Q27 電気エネルギーの利点を挙げてください。（pp.25～26）
Q28 水力発電の利点を挙げてください。（pp.65～70）

- Q29　揚水発電とは何ですか。（p.67）
- Q30　日本の水力発電の現状と，将来的なポテンシャルについてまとめてください。（pp.65 ～ 70）
- Q31　世界で最も出力の大きい水力発電所はどこにあり，その出力はいくらですか。（p.69）
- Q32　ダムの危険性と環境に与える影響をまとめてください。（pp.67 ～ 68）
- Q33　マイクロ水力発電とは何ですか。（p.68）

- Q34　火力発電の発電過程でのエネルギーの変化を説明してください。（pp.70 ～ 72）
- Q35　火力発電のメリットとデメリットを挙げてください。（pp.70 ～ 72）
- Q36　コンバインドサイクル発電とは何ですか。（p.72）
- Q37　廃棄物発電の特徴をまとめてください。（pp.86 ～ 87）

- Q38　核分裂とは何ですか。（p.44，pp.73 ～ 75）
- Q39　核分裂によってどれだけのエネルギーが発生しますか。（p.74）
- Q40　IAEA とはどのような組織ですか。（自主調査，p.75）
- Q41　原子力発電の長所と短所を挙げてください。（pp.73 ～ 82）
- Q42　原子力発電所で電気をつくるシステムを説明してください。（pp.76 ～ 80）
- Q43　原子力発電の燃料となるウランの産地を挙げてください。（p.45）
- Q44　使用済み核燃料とは何ですか。（p.78）
- Q45　高速増殖炉の現状を説明してください。（p.80）
- Q46　重大な原子力事故を 3 つ挙げてください。（pp.80 ～ 81）

- Q47　風力発電システムについて簡単に説明してください。（pp.93 ～ 95）
- Q48　風力発電に適した場所の条件を挙げてください。（p.94）
- Q49　ウインドファームとは何ですか。（pp.94 ～ 95）

Q50　風力発電の利点と欠点を挙げてください。（pp.93 〜 100）
Q51　洋上風力発電の利点と欠点を挙げてください。（pp.97 〜 100）
Q52　浮体式の洋上発電が開発されているのはなぜですか。（pp.97 〜 98）
Q53　日本の風力発電が大きくならない理由は何ですか。（p.98）

Q54　太陽から地球へのエネルギー収支についてまとめてください。（pp.53 〜 55）
Q55　太陽光発電とは何ですか。（pp.87 〜 93）
Q56　太陽熱エネルギーはどのように利用していますか。（pp.55 〜 57）
Q57　地熱エネルギーとは何ですか。（pp.51 〜 52）
Q58　地熱エネルギーの利点と欠点を挙げてください。（pp.51 〜 52）
Q59　地熱発電の環境影響についてまとめてください。（p.84）
Q60　地熱発電の経済性を，他の再生可能エネルギーと比べながら論じてください。（自主調査，pp.82 〜 84）

Q61　潮汐とは何ですか。（p.101）
Q62　潮汐を利用して発電する方法にはどのようなものがありますか。（pp.101 〜 102）
Q63　潮流発電の技術的問題点は何ですか。（pp.101 〜 102）
Q64　潮流と海流の違いを説明してください。（p.100）
Q65　波の波高とは何ですか。（p.102）
Q66　波力発電で広く実用化されているものにはどのようなものがありますか。（p.103）
Q67　ウェルズタービンの特徴を挙げてください。（p.103）
Q68　海洋温度差発電とはどのようなものですか。（pp.106 〜 107）
Q69　海洋温度差発電で複合的なシステムが考えられているのはなぜですか。（p.106）

Q70　1次電池とは何ですか。（p.28）
Q71　2次電池とは何ですか。（p.29）
Q72　燃料電池とは何ですか。（pp.31 〜 32）
Q73　燃料電池の利点と欠点をまとめてください。（pp.31 〜 32）
Q74　燃料電池はどのようなものに使われていますか。（pp.126 〜 128）

Q75　1年のうちで電力が最もたくさん使われるのはどの時期ですか。（自主調査）
Q76　このピーク電力を下げるためにはどのようにすればよいと考えますか。（自主調査）
Q77　産業界での電力消費の大きい産業を挙げてください。（p.118）
Q78　家庭の中での電力消費の大きいものを順に挙げてください。（p.118）
Q79　日本の家庭の電力消費の特徴を挙げてください。（p.118）
Q80　家庭の電力消費を減少させるための対策を，暖房，給湯についてまとめてください。（pp.118 〜 120）
Q81　業務用ビルでの省エネについてまとめてください。（p.118）

Q82　エネルギーミックスとは何ですか。（pp.109 〜 111）
Q83　エネルギーミックスにおける各発電の占める割合をまとめてください。（p.110）
Q84　エネルギーミックスでの電力コストのあり方についてまとめてください。（自主調査）
Q85　あなたのエネルギーミックスを，AHP法を使って求めてください。（pp.110 〜 111）

Q86　電気自動車はCO_2を排出しないというのは本当ですか。（自主調査）
Q87　燃料電池車がCO_2を排出しないというのは本当ですか。（pp.126 〜 128）

Q88 物流におけるモーダルシフトについて説明しなさい。（pp.122 〜 124）
Q89 輸送機関には速度によってエネルギー効率が大きく異なりますが，低速，中速，高速で効率の良いのはそれぞれ何ですか。（pp.121 〜 122）
Q90 ゼロエネルギー住宅とは何ですか。（p.126）
Q91 白熱電球，蛍光灯，LED で最も省エネなのはどれですか。（自主調査）
Q92 ハイブリッド車はなぜ省エネなのですか。（p.125）
Q93 1997 年の京都議定書の内容を簡単に説明してください。（p.131）
Q94 2015 年のパリ協定の内容を簡単に説明してください。（pp.131 〜 132）

Q95 温室効果ガスとは何ですか。（p.33）
Q96 NOx，SOx とは何ですか。（p.131）
Q97 PM 2.5 とは何ですか。（p.131）
Q98 PM 2.5 を低減するためにはどうすればよいですか。（自主調査）
Q99 エネルギー資源を使って電気を発生させるまでのエネルギーの形態の変化を説明してください。（pp.65 〜 107）
Q100 2015 年の国連気候変動枠組条約第 21 回締約国会議（COP 21）でのパリ協定と，1997 年の京都議定書との違いはどこにありますか。（pp.131 〜 132）

おわりに

　人類にとって種々のエネルギーをかなり自由に使いこなす能力を得たことは，その文化的な発展に大いに貢献しました。しかし，同時にエネルギーの利用が環境にさまざまな影響を及ぼすことも大きな犠牲を払いながら学んできました。

　これからも人類はエネルギーを上手に使いながら，より良い社会を作っていかなければなりません。そのためには，エネルギーについて社会・経済的に知るだけでなく，科学・工学的に知ることが必要です。

　本書は，特に文系の読者の方々に，エネルギーについての科学的基礎知識を身に着けていただくために書きました。そのため，ほとんど数式は使っていません。

　気軽に読んでいただき，エネルギーに対して興味をもっていただければ幸いです。

参考文献

本書を執筆するにあたり，下記の書籍を参考にさせていただいたことを記し，各著者に御礼申し上げます．

ロジャー・G・ニュートン 著，東辻千枝子 訳『エネルギーとはなにか ―そのエッセンスがゼロからわかる』講談社（2015）
梶川武信『エネルギー工学入門』裳華房（2006）
山崎耕造『エネルギーと環境の科学』共立出版（2011）
刀根薫『ゲーム感覚意思決定法 ― AHP 入門』日科技連出版社（1986）
A・G・スピロ 著，間野正己 訳『21 世紀のエネルギと船舶』成山堂書店（1988）
赤木新介『新 交通機関論 ―社会的要請とテクノロジー』コロナ社（1995）
経済産業省 編『エネルギー白書 2015 年版』経済産業調査会（2015）
平沼光『日本は世界一の環境エネルギー大国』講談社（2012）
芥田知至『エネルギーを読む』日本経済新聞出版社（2009）
水野倫之『日本一わかりやすいエネルギー問題の教科書』講談社（2012）
山家公雄『エネルギー復興計画 ―東北版グリーンニューディール政策』エネルギーフォーラム（2011）
日高義樹『2020 年 石油超大国になるアメリカ ―追い詰められる中国 決断を迫られる日本』ダイヤモンド社（2013）
鈴木良典「廃棄物発電の現状と課題」，「レファレンス」760 号（2014 年 5 月），国立国会図書館調査及び立法考査局

索　引

【アルファベット】
AHP 法　*110*
CCS　*133*
IAEA　*75*
LNG　*36*
LNG 船　*38*
MOX 燃料　*80*
OTEC　*106*
PM 2.5　*131*
RORO 貨物船　*123*

【あ】
アインシュタイン　*74*

【い】
イエローケーキ　*44*
位置エネルギー　*1*
1 次電池　*28*
インチョン湾潮力発電所　*101*
インバーター　*87*

【う】
ウインドファーム　*93*
ウエハラサイクル　*106*
ウェルズタービン　*104*
ウラン　*44*

運動エネルギー　*1*

【え】
液化天然ガス　*36*
エネファーム　*120*
エネルギー効率　*121*
エネルギー資源　*1*
エネルギー保存の法則　*2*

【お】
オフショア風力発電　*97*
オール電化　*120*
温室効果ガス　*131*

【か】
外燃機関　*21*
海明　*105*
海洋温度差発電　*106*
海洋発電　*100*
海流　*100*
化学エネルギー　*1*
核エネルギーの平和利用　*75*
核燃料サイクル　*76*
核分裂　*74*
核融合　*74*
ガスタービン　*62*

化石燃料資源　*35*
カーフェリー　*123*
乾電池　*27*

【き】
京都議定書　*131*
汽力発電　*71, 72*

【け】
原子力規制委員会　*81*
原子力発電所　*109*
原爆　*75*

【こ】
高速増殖炉　*80*
航路ブイ　*103*
国際原子力機関　*75*
コージェネレーション　*120*
ゴミ発電　*86*
コンバインドガスタービン　*71*

【さ】
再生可能エネルギー　*11*

【し】
シェール　*36*
シェール革命　*40*
仕事率　*8*
ジュール　*6*
省エネ　*118*
蒸気タービン　*18*
使用済み核燃料　*78*

シーレーン　*40*
深層水　*107*
新電力会社　*115*

【す】
水素エネルギー社会　*126*
スモッグ　*131*

【せ】
ゼロエネルギー住宅　*126*

【そ】
送電　*113*

【た】
ダイオキシン　*87*
大気汚染物質　*131*
太陽電池　*87*
太陽熱エネルギー　*54*
タンカー　*38*

【ち】
地球温暖化　*131*
蓄電池　*29*
地産地消　*86*
地中熱　*119*
地熱発電　*82*
潮汐　*100*
潮流　*100*
潮力発電　*101*

索 引

【て】
ディーゼルエンジン　21
電気エネルギー　1
電気伝導　25
電源開発　113
電源構成　109
電磁誘導　26
天然原子炉　75

【と】
ドア・ツー・ドア　123

【な】
内燃機関　21

【に】
2次電池　29
日本原子力発電　113

【ね】
熱エネルギー　1
燃料電池　31
燃料電池車　128

【は】
バイオマス発電　84
廃棄物発電　86
ハイブリッドカー　125
発電機　50
ばら積み貨物船　38
馬力　8
パリ協定　131

波浪発電　102

【ひ】
非在来型化石燃料　36
比出力　121
ヒートアイランド　129

【ふ】
プルトニウム　80

【へ】
平和利用　73

【ほ】
放射性元素　75
放射性廃棄物　73

【ま】
マイクロ水力発電　68
マイティホエール　105
マグマ　83

【め】
メルトダウン　80

【も】
モーダルシフト　122
もんじゅ　80

【ゆ】
油田　35

【よ】
揚水発電　*67*

【ら】
ランス潮力発電所　*101*

【り】
力学的エネルギー　*1*

リチウムイオン電池　*29*

【わ】
ワット　*8*

【著者紹介】
池田 良穂（いけだ よしほ）
大阪府立大学名誉教授・特認教授，大阪経済法科大学客員教授
船舶工学，海洋工学，クルーズビジネス等が専門。専門分野での学術研究だけでなく，船に関する啓蒙書を多数執筆し，雑誌等への寄稿，テレビ出演も多く，わかり易い解説で定評がある。

イラスト
中山 美幸（なかやま みゆき）
大阪芸術大学でデザインを学び，日本クルーズ&フェリー学会の学会誌「Cruise & Ferry」の編集，各種パンフレット，ポスター等のデザインに従事している。

ISBN978-4-303-56220-5

資源・エネルギーと環境

2016年4月20日　初版発行　　　　　　　　　　　　　　　Ⓒ Y. IKEDA 2016

著　者　池田良穂　　　　　　　　　　　　　　　　　　　　　　検印省略
発行者　岡田節夫
発行所　海文堂出版株式会社
　　　　本　社　東京都文京区水道2-5-4（〒112-0005）
　　　　　　　　電話 03（3815）3291代　FAX 03（3815）3953
　　　　　　　　http://www.kaibundo.jp/
　　　　支　社　神戸市中央区元町通3-5-10（〒650-0022）
日本書籍出版協会会員・工学書協会会員・自然科学書協会会員

PRINTED IN JAPAN　　　　　　　　印刷　田口整版／製本　ブロケード

JCOPY ＜(社)出版者著作権管理機構 委託出版物＞
本書の無断複写は著作権法上での例外を除き禁じられています。複写される場合は，そのつど事前に，(社)出版者著作権管理機構（電話 03-3513-6969，FAX 03-3513-6979, e-mail: info@jcopy.or.jp）の許諾を得てください。